U0043128

創新六策

寫給創新者的
關鍵思維

洪世章
—— 著

competence

simplicity

bridging

framing

aggregating

positioning

目錄
contents

competence

目録
contents

competence

推薦一

策略創新的整合思維

政大科技管理與智慧財產研究所教授　吳思華

民國82年，在恩師林英峰院長的託付下，我負責創辦政大科管所，將創新當作一個學術議題，納入科管所的教學與研究中，從此創新成為我們這群夥伴最重要的事業挑戰。在實務中，我們需要在傳統的商管科系中找到一個生存利基，在學理上我們需要和世界同步，為台灣建構一套全新而有意義的知識系統。

二十年來，我歷經不同的行政職務，創新一直是工作上重要的指導原則，透過具體實踐嘗試理解策略創新的內涵。在學術上，除了個人的研究工作外，由於台灣科管學界夥伴們的認真投入，台灣學術界在創意、創新、創業各面向的工作均有可觀的進展，唯獨「策略性創新」一直沒有統合性的突破。

策略性創新可以概分成演進式創新、破壞式創新、創業型創新三類，這三類的情境不同，理論實務均有顯著差異。

「演進式創新」和一般的策略思維大致相同，分析組織的 SWOT後，善用已擁有的核心資源，同時透過新資源、新夥伴的尋找，在產品市場等營業範疇方面進行新布局。

　　「破壞式創新」是經營典範的重大改變,這和科技突破、國際區域經濟,以及在地社會共生、創新生態系統等大時代趨勢有關。這時候策略創新其實更需要有效掌握互助共享、零交易成本、邊際報酬遞增、創新生態系統等完全不同的經濟社會邏輯,翻轉各項資源的意義、調整顧客、廠商、供應商間的關係,提出新的價值主張、重新定義企業組織的內涵與疆界。

　　「創業型創新」則是在資金、土地、人員、組織等所有資源均歸零情況下的策略思考。創業者必須在現有企業環視下,運用新的策略邏輯,尋找市場缺口,提出新的價值主張,重組社會資源,創造全新的經營模式,謀求創業初期的生存之道,同時期盼能跨過死亡之谷、躍升向上。

　　當然,不論是哪一類創新,策略的核心思維仍有其基本共通性,本書將其歸納成能力、定位、簡則、整合、開放、賦名等六項,言簡意賅、畫龍點睛,對學習者來說,是一個很好的架構。

　　在《創新六策》中最讓人眼睛一亮的是「賦名」。無中生有的創新,不僅要符合經濟社會的環境趨勢,更需要有一個能夠號召大眾支持的主張。因此,經理人如何在追求改變與創新時,將創新加以「賦名」,發展出重新認知內外事務的詮釋架構,引領相關群體的認可、呼應與支持,形塑有利情勢,確實是策略創新的關鍵議題。

　　本書的另外一個特色在於豐富多元的案例。在本書中讀

者不僅可以簡單掌握策略創新的理論架構，更可以讀到各式各樣的實際故事。這些故事包括知名企業的作為、傑出經營者的理念，還有社會時事，以及武俠小說中的情節，對比理論的思維，這些故事更引人入勝。

　　洪世章教授是國內策略科管學者中的佼佼者，教學研究俱佳。他在忙碌的學術生涯中，願意用入世的態度撰寫本書，是讀者之福。本書不僅讓人見識到洪教授的博學，更讓人深刻地感受到理論與實務對話的精采度。個人以為本書撰寫的體例本身就是一個創新的典範，將會為未來有關策略創新的研究開啟更多的可能，這也是未來社會科學的學術研究應該認真思考的方向。

推薦二

固本培元，執簡馭繁

大立光電董事長　林恩舟

　　身為一位企業經營者，總會拜讀一些國外知名管理學者的譯作，雖然偶爾能從中得到一些啟發，但總有些隔閡不親的感覺，直到讀了這本《創新六策》，才知道為什麼會有這種疏離感。因為他們都欠缺一個「引入」的過程。也許他們的文筆很好，講起理論也能深入淺出，但因為所用的典故、比喻，甚至笑話，跟我們或多或少都有些文化距離，所以自然而然很難產生共鳴。如同李安導演在2001年以《臥虎藏龍》獲得奧斯卡「最佳外語片獎」時所說的：「用一種文化去融合另一種文化。」少了這種引入或融合的過程，《臥虎藏龍》大概很難打開亞洲以外的市場；同樣的，外來的和尚也未必能念好經。

　　相對於之前閱讀國外譯作時，總感覺不容易同在一個頻率上，當我在閱讀這本書時，是處在一種簡諧共振的思緒。許多晦澀的西方理論，經過作者的融合，也許是一段金庸武俠小說的情節、一句唐宋詩詞、一段歷史典故、一部電影、一種美食，或者一個台灣或美國的案例，都突然變得栩栩如生，發人深省。這讓人不得不佩服作者在學識上的深度及廣

度，頗有「博古通今，學貫中西，雅俗共賞」的韻味。

　　其中感受最深刻的就是〈能力〉與〈簡則〉這兩章。眾所周知，光電產業是學習曲線很長的產業，因為光學設計與製作有很多隱性的關鍵知識，很難用言語描述出來，只能透過不斷地試誤（trial & error），找出設計與製作最重要的「地基級」關鍵因素，再一點一滴把影響這些因素的變數從源頭一一拔除。這其中所需要的能力，是一種打地基的能力，也就是作者所謂的「固本培元」。也特別喜歡作者用「動功修習內功」，來描述這個能力累積的過程。因為每個產業都沒有捷徑，都不可能一蹴可幾，只有一步一腳印地從基層一層一層地累積上來；誠如作者所說的：「每一步踏出，全身行動與內力息息相關。」「每走一遍，內力便有一分進益。」

　　如果用「簡則」來分析光電產業，就是需要蹲馬步紮下基本功。品質、技術是獲取客戶信任的基本條件，然後才有機會做好客戶服務建立關係；如果只顧著維繫關係但沒有做好品質，關係再好相信也很難留住客戶。這其中的關鍵便是「惟精惟一，允執厥中」心法，專注在技術本位，並且要有恆心、要有毅力貫徹下去。也許有人覺得這不是什麼大道理，相信各位閱讀〈簡則〉這一章之後，才會真正領悟到簡單本身就是一門大學問。因為「大道至簡」，面對愈複雜的情勢，愈要把握簡單的法則，才能「執簡馭繁」，抓住各種可能的機會。就像鄭板橋《題竹石》所說的：「咬定青山不

放鬆，立根原在破巖中，千磨萬擊還堅勁，任爾東西南北風」。

當然，除了「能力」與「簡則」之外，這本書的很多心法及招式也都非常具有參考價值，即便不是自己所長。所謂「他山之石，可以攻錯」，愈是非自己所長、愈是自己所不熟悉的，反而愈是能啟發警示或反省的作用。例如第六章〈賦名〉就給人很大的感觸。言語是非常重要的，所以也須審慎對待。這種力量可以用來說服反對者，把不可能化為可能，或者將未來導引到自己想要的方向上；簡單說，就是在思想的層次上，不戰而屈人之兵。

文末以「固本培元，執簡馭繁」自勉，同時極力推薦這一本好書給各業界的朋友，希望大家能透過「六策」的啟發，找到自己更適切的經營之道。

自序

分享一堂策略必修課

　　成立於1987年的台積電，是全球第一家晶圓代工企業。
在董事長張忠謀與總經理布魯克（Donald Brooks）的領導
下，從1991年起，每年營收以增加50%到100%速度成長，到
了1995年，營收已突破10億美元。同時間，張忠謀與布魯克
對於公司未來的發展，出現分歧的看法。

　　布魯克認為，公司規模已經很大，應將組織調整為以事
業部門（business unit, BU）區分，也就是六吋廠與八吋廠各
為不同的事業單位。這除了能有更明確的責任分工、更好的
跨功能協調外，也較能做好顧客管理、適應外界環境變化。
張忠謀則認為，公司還是應該維持功能別，追求更好的效
率、更大的規模經濟效果，以及持續深化半導體製造所需的
知識與技能。

　　因為僵持不下，他們兩人最後決定請麥肯錫管理顧問公
司協助診斷。麥肯錫經過一段時間的訪談研究後，做出應該
維持「功能別」的建議。

　　當布魯克聽完麥肯錫的簡報後，很不服氣地說：「世界
上有哪一家營收超過10億美元企業，還是功能別？」麥肯錫
的顧問團隊不假思索就回答：「波音。」

　　根據張忠謀事後的解釋，半導體有世代交替，如果以BU為主，則對每一位BU領導人來說，都會面臨「gain the customers, lose the customers」的問題（因為客戶的需求會很自然的從成熟製程，移往先進製程）。

　　這個故事只是過去二十多年來，我所蒐集的眾多案例之一。身為一位質性研究者，我喜歡企業訪談，記錄真實的故事，也喜歡分析案例。因為長久在清華大學教書，每天所接觸的都是理工、科技、專利、發明，創新案例對我而言，慢慢地就變得跟吃飯睡覺一樣平常。

　　我也喜歡研究企業創新的各種不同策略，這是我從博士班時代，就一直感興趣的題目，雖然當時這是個冷門的題目，但自從1996年，我接下清華大學所發出的台灣商管學界第一張助理教授聘書，戰戰兢兢、誠惶誠恐來到新竹以後，這個主題就一直跟我常相左右，我是日也想、夜也想，站著講、坐著也講，在家要談、出外也要分享，雖然學術研究是條孤獨的路，但我一直享受其中。

　　清華的十八尖山、成功湖和相思湖這樣的好山好水，提供良好的創作環境，讓我可以一直不停地「散步、思考、寫作」，我常稱此為我的「梅園三弄」。兩岸的許多EMBA、MBA學生除了提供許多練功的機會，也提供給我許多新的想法，讓我可以一直精煉我的「創新策略」。取之眾生，也應回饋眾生。這本書代表我過往研究教學的一個成果，也是跟所有想要擁抱創新的領導者分享的一堂策略必修課。

本書基本架構

本書共含導論與六個篇章。在〈導論〉裡，我將本書的基本架構「六種創新策略」之間的關係做個對照、比較，讓讀者可以全盤了解。接著，一個策略，就是一章，雖說章章獨立，但參考〈導論〉的介紹，讀者很容易能了解各章之間的關係。

第一章〈能力〉，主要根據策略管理的主流學說：核心能力、動態能力、資源基礎理論、破壞式創新等，鋪陳出一套創新的主流價值與思維。第二章〈定位〉，主要參考產業組織的「結構—行為—績效」典範，探討創新定位、差異化策略、產品多樣性，以及創新系統等議題。第三章〈簡則〉，是較有原創的部分，也是我花最多時間構思與醞釀的，主要是以近幾年所研究的複雜科學與混沌理論發展而成。

第四章〈整合〉、第五章〈開放〉、第六章〈賦名〉，有一個共同的起源：主要是以我對台灣高科技產業以及大陸山寨機產業的多年研究，所發展出的F.A.B.（framing / aggregating / bridging）架構所延伸而成。其中，第四章〈整合〉所探討的企業間競合關係，引述很多交易成本的觀點，第五章〈開放〉則與社會網路、先驅者研究、開放創新等等有很多直接的相關。第六章〈賦名〉跟第三章〈簡則〉一樣，也是最有原創性的。本章所談論的「framing」，國內

學者多數翻譯為「構框」，意涵上它也含有「造勢」、「口號」、「轉念」的意思。但我總覺得這些名詞都不夠到位，在經過一、二年的思考後，我覺得「賦名」這意思最傳神，希望有做到像林語堂先生，將「humor」翻譯為幽默一樣。第六章也是我目前最主要的研究重點，希望日後能夠出版《賦名論》一書。

六章內容，就是開啟創新的「六扇門」，只要開門就能見路，不只是條條大路通「創新」，也可一覽天地行路間。我雖以學術理論來建構本書的主幹，但大部分說明都是以企業案例為主軸，我也會儘量用各種我們熟悉的語言、人物、生活、文化，來幫助讀者理解本書內容。我的四大興趣：武俠、電影、美食、文史，在寫作過程中，自然都是會隨意拾取的素材。我始終相信，世界上萬事萬物的道理應是相通的，所以最好用來檢驗是否把書讀通的方法，就是能否將所學到的理論知識，應用與實踐在生活、興趣當中。所謂「見山是山，見山不是山，見山又是山」，做學問的過程往往都是「眾裡尋他千百度，驀然回首，那人卻在燈火闌珊處。」

本書六章所歸納、梳理出來的條理、原則，是科學，是硬道理，但如何真正做到力挽狂瀾、扭轉乾坤，靠的是更多權變的應用。所謂「師父領進門，修行在個人」，就像《笑傲江湖》裡的風清揚告訴令狐沖，學習絕世武功，要旨就在「悟」字，而不是死記強背。若是能夠通曉本書所整理的六種創新思維，則無所施而不可，不須受任何門派、法門的約

束，遇到任何問題或挑戰，都能得心應手，暢意快行。

既書之後，才有風格

在寫作的漫長過程中，學生常會問我：老師，為何要寫書？特別是現在國內的學術環境是「論文至上，按篇計酬」。我總會告訴他們，管理學者就是社會科學家，而每一位社會科學家都應該有一本足以代表他學術思想的專書，未書之前，不成氣候；既書之後，才有風格。

做個比喻，發表在頂級期刊的英文論文就像是「屠龍刀」，在現有的學術規範與獎懲制度下是「武林至尊，寶刀屠龍，號令天下，莫敢不從」。但不要忘了，還有下一句「倚天不出，誰與爭鋒」，中文專書就是一把倚天長劍。相對於屠龍刀的霸氣，我更喜歡倚天劍的銳氣。李白〈司馬將軍歌〉：「手中電擊倚天劍，直斬長鯨海水開。」《三國演義》第41回：「……曹操有寶劍二口。一名倚天。一名青釭。倚天劍自佩之。青釭劍令夏侯恩佩之。」有了文化加持的倚天劍，總給人更多聯想的空間。真正的好書，就像是一把「削鐵如泥，鋒利無比」的倚天劍，既能「劍指人心」，也能「一舞劍器動四方」。寫書，既期望處處有我，也求點化四方。

本書可以順利完成，我要特別感謝我的兩位得意門生：曾詠青與賴俊彥。他們都有繁重的功課，也面對博士論文寫作的壓力，但仍然願意抽出寶貴的時間，幫忙我整理相關理

論、核對參考文獻，以及校正初稿的文字。特別是詠青對於文字的敏感度與想像力，更是幫了我不少忙，她看過本書初稿最多次，當然若不免有文字上的錯誤，我樂於「概括承受」。禪宗有個說法：「智過其師，方堪傳授。」他們兩位肯定當之無愧。但也希望他們能夠覺得在「洪門」底下的學習，最終都能達到「入門一色，出門萬彩」的境界。

Have we passed ?

創業創新祖師爺，熊彼得（Joseph Schumpeter），在哈佛大學任教時，麾下有許多得意門生，其中一位就是開創數理經濟學，日後獲得諾貝爾經濟學獎的保羅·薩穆遜（Paul A. Samuelson）。

有此一說，因為薩穆遜的博士論文《Foundations of Economic Analysis》用了太多的數學方程式，所以寫好後，教授們不是很願意進入考室，因為沒有人讀得懂在說什麼。最後，當薩穆遜完成博士論文答辯後，口試委員會成員之一的熊彼得，轉過頭對著另一位成員、也是1973年諾貝爾經濟學獎得主瓦西里·列昂季耶夫（Wassily W. Leontief）問說：「Well, Wassily, have we passed ？」

希望每個人讀完這本書後，都會覺得，這是一本很容易理解的書，既沒有艱難的數學，也沒有抽象的理論。也希望大家認為這本書，不只可以跟自己過往的經驗、人生、閱歷、知識相結合，也可以提供大家未來思考問題、應付挑

戰、創業創新的指引與參考。換句話說，希望這本書不只可以走進大家的心裡，也能引領著大家的內心走出去，探索另一個世界：創新的武林。

導論

你面臨的最大挑戰是什麼？

　　2014年初，我造訪一家生產車用電子零組件的台灣知名「隱形冠軍」企業，與公司總經理、行銷協理一起在會議室裡討論公司過往的成功經驗，熱烈的交談一直延續到會後的晚餐。在晚餐結束之際，我問總經理一個我訪談企業時一定會問的問題：「你們公司現在面臨的最大挑戰是什麼？」

　　總經理毫不遲疑地就說：「未來成長的方向，目前我們主要產品的市占率已經很高，但不確定下一個產品是什麼？」雖然該公司對於研發的投資一直不手軟，但這並不一定保證成功。主要原因是汽車產業對產品安全性要求高，認證程序很複雜，現在開發的技術，都是五、六年後才有機會上市的產品。當年公司成立之初，就已經面對這樣的問題：「成立六年後，客戶才願意用我們的產品。」而如今雖然該公司已經站穩腳步，但還是時時擔憂趕不上時代的變化，無法滿足市場與顧客的期望。就像一位曾經「產學兩棲」的前輩曾經告訴我的：「在學術界，每天都覺得很悠閒；在產業界，每天都覺得很危險。」

　　這位總經理的問題並不是獨一無二，多年以來，我訪問過的許多企業，都面臨類似的問題：「接下來要做什

麼？」、「不知道下一個產品在哪裡？」、「如何發展新的事業？」、「舊生意慢慢下滑，新生意又上不去」、「毛利愈來愈低，很難找到新的成長方向？」不管是受困於一個無法成長的產業，或是產品開發總是原地踏步，領導者愈來愈難面對改變組織文化、開闢新市場、發展新事業的急迫感。特別是當科技快速進步，持續催生各種全新的商業模式，變革就幾乎成為管理的同義詞。當成長的動力，靠的不是一壘安打或二壘安打，而是擊出另一支全壘打時，創新就成為推動企業成長與進步的關鍵所在。就如在電影《侏羅紀世界》裡，為了帶給遊客新鮮感所創造出的「帝王暴龍」，雖然這最多只能算是一支界外全壘打。

我寫作本書的目的，就是要為經理人提燈照路，指出如何走向創新驅動的永續發展道路。雖然創新的問題一向沒有簡單的答案，也不太可能有速解之道，但我經過中西對照、援古證今，上窮碧落下黃泉，甚至是「格物致知」後，所歸納整理出的創新策略思維與理論，應該可以為領導者與經理人提供一個快速的指引，讓站上本壘板的企業打者，從此不再矇眼揮棒，增加揮出全壘打的機會。

管理者更可以把本書當作是一本能在創新競賽中勝出的武林祕笈，書裡不僅收錄各家之長，也分析各門各派的不同創新手法，平時的閱讀修練，可以提升自己的功力，增加自己的見識。而在碰到發展困境與改革難題時，更可以快速提供創新氧氣，活化組織的變革能力。這本書就是要幫助每一

個想要脫穎而出的組織，找到通往永續成長的康莊大道。

創新六大策略

　　創新策略是以策略為體，創新為用，也就是要能善加利用各種策略理論，為自己的變革創新需求找到最佳解方。延續策略管理的一些主要學說，我提出創新策略可以歸納成六個不同的門派或觀點：能力、定位、簡則、整合、開放、賦名。如27頁圖一所示，我以兩個軸面對比它們之間的關係，橫軸為策略導向的內容（content），分為心法與招式。心法，就是主導邏輯與假設，指的是指導企業創新發展的基本概念。招式，則是策略選擇或方案，指的是可供企業選擇執行的具體創新策略與變革方法。縱軸是策略產生的程序（process），分為內、中、外三個面向。

整合的架構

　　人云亦云、思路紊亂，是企業界面對創新最常見到的困擾。2015年11月，在美國亞馬遜網站（amazon.com），輸入「innovation」一詞，出現的相關書籍高達6萬9千多筆。近年來，台灣眾多的財經商業雜誌最常關注的議題也是創新。但入世上場的各大名家幾乎都是一人一把號、各吹各的調，面對這樣的「知識大觀園」，領導者不只感覺眼花撩亂，也常覺得無所適從，套一句電影《功夫》周星馳的台詞，就是「你搞得我好亂啊！」我用一個觀念性架構，去蕪存菁，整

合創新策略的所有相關論述與分析工具，目的就是要給經理人一個清晰的指引，讓他可以用全新但簡明的視角來認知世界，進而改變世界。阿基米德的名言：「給我一個支點，我將撐起全世界。」《創新六策》就是一個可以幫助經理人創新突圍、改變局勢的槓桿支點。

能力創新

　　能力創新，主要是以核心能力為基礎所發展的創新策略觀點。策略邏輯是由內而外，聚焦於如何善用企業內部的核心資源或專長，找到變革與創新的新路徑。

　　《天龍八部》裡的雲南大理段氏，以一陽指的渾厚內力為基礎，發展出獨家武學六脈神劍，另一絕世高手鳩摩智，能將內力凝聚掌緣，使出獨門絕技火焰刀。數學底子好，往理工方面發展應該會有好表現；喜歡文字，長大當個作家或是記者肯定不會有錯。有飛魚之稱的麥可・菲爾普斯（Michael Phelps）小時候是個過動兒，但這個「能力」應用到游泳比賽，如魚得水。創新就是竭盡所能、盡情發揮。

　　能力創新即做到「外化而內不化」。谷歌地圖（Google Maps）能夠橫掃千軍，歸根究柢還是搜尋演算法在發功。蘋果（Apple）改變產業局勢的三支全壘打：iPod、iPhone、iPad，都是先由蘋果迷帶起風潮，這群死忠的擁護者不只是蘋果的忠實顧客，也是建立蘋果軟硬整合能力的關鍵資源。1980年代，台灣的個人電腦工業能夠快速起飛，原因之一就

內　容		
	心法	招式
內	**能力**	**整合**
	由內而外，從核心能力與專長出發，做到「外化而內不化」。	發揮團結力量，透過業內合作、資源互補，來突圍脫困。
中	**簡則**	**賦名**
	善用經驗，發展簡單規則，從複雜環境中即時抓取機會，持續穩定前進。	運用說服技巧，發展新的詮釋架構，來贏得相關群體對變革的認可與支持。
外	**定位**	**開放**
	由外而內，設法突破產業限制，發展出獨特的定位與差異化優勢。	跳脫熟悉的產業與社群環境，向外界尋求或引入新想法、新資源與新技術。

（左側直欄：**程　序**）

圖一　創新六大策略

是政府禁止賭博性電動玩具，原本的電玩業者將他們的製造能力轉換到仿冒「蘋果二號」（Apple II），因而開啟電腦王國的序幕。美國收音機廠商因為累積類似的技術經驗，因此能在後來出現的早期電視機工業扮演創新主導角色」。能力創新的意旨就是：善用自己的資源與能力，就能找到創新的出路。

定位創新

定位創新是與能力創新相對應的觀點，策略邏輯是由外而內，關心的是產業環境的壓力與競爭者的反應，以及如何因應外在環境的變化來開發新產品與尋求新定位。

在〈隆中對〉中，諸葛亮為劉備分析天下大勢及立國的戰略，「北讓曹操占天時，南讓孫權占地利，將軍可占人和。」人和就是準確定位劉備要中興漢室的創新策略。儒家學派的開創者：孔子講仁，認為「當仁不讓於師」；孟子重義，主張「居仁由義，大人之事備矣」；荀子倡禮，強調「禮者，人道之極也」，「仁」、「義」、「禮」也可理解為三種發揚儒家思想的不同學術定位與創新。

定位創新就是要向外求新求變，既要能順應環境的變化，也要能發展新的價值組合。從90年代中期開始，藍色巨人IBM就有計畫地將自己從硬體製造商，轉型為服務供應商，新的定位讓大象可以重新起舞。起源於加州矽谷的特斯拉（Tesla），不只是個電動汽車，也是一項時髦、流行商

品。擁有一部特斯拉，既符合科技新貴的身分地位，也是一件他們認為應該做的事。台灣的微熱山丘賣的不只是鳳梨酥，也有故事、文化與生活。創新是尋求新定位的過程，包括改變消費者的認知、偏好，就是訴求「攻心為上」，或是避開競爭者的突襲，根據市場趨勢提供有差異化的產品特色或服務，也就是做到因勢利導、出奇制勝。

簡則創新

簡則觀點強調的是在複雜環境下，企業如何有效辨識與開發新商機。在此策略思維下，創新可歸納在核心價值、簡單規則與不偏不倚等原則之下。例如，人民常希望政府能有創新的作為，但官員須面對的卻常是民意如流水的環境，把握「民之所欲，常在我心」、「苦民所苦、疾民所疾」、「徒善不足以為政，徒法不能以自行」等簡單原則，就是追求行政創新的最好方式。

IDEO設計公司發展出「先追求點子數量」、「鼓勵提出狂放構想」、「禁止批評」、「慢一點下定論」、「聚焦客戶需求」等簡單規則，讓腦力激盪更能有效發揮作用。又如找伴侶，總是會設下一些基本條件，以此來增進尋找的效率、降低時間成本。不管是大陸流行的「高富帥」：身材高、財富多、長相帥，抑或是日本社會所說的「三高男」：高學歷、高收入、高個子，都是一種女生挑選男生的簡單法則。這種概念如果應用在企業上，就是制定一套篩選眾多機

會的條件與門檻，摒除不適合的機會，只留下適合公司本身的契機。

簡則創新倡導化繁為簡、以簡馭繁，因為「萬事皆有度」，找到事物運行的規律、法則，然後掌握關鍵、依時進展，就能夠幫助公司彌補策略規劃和策略執行之間的知行差距。這樣既能讓相關人員的決策有明確規則可遵行，也能夠幫忙挑選與掌握意料之外的投資機會，同時顧全大局。

能力 vs. 定位 vs. 簡則

能力創新與定位創新探討的內容，都是引導策略制定的「心法」，能力創新從企業內部出發，定位創新則是強調外部環境。簡則創新也是一種心法，關注的是引領企業擬定最佳創新策略的基本假設為何，並不特別區分內部、外部，而是講究與周遭環境的互動、平衡與共存。

能力、定位、簡則，代表三種不同的創新思維方式，因為對於世界的運行方式與法則有不同的看法，因此領導者與經理人在取用時，也應明辨省思，有所取捨。

我以台灣的國粹——棒球，把能力、定位、簡則做個有趣的比較。能力創新就是投「快速球」（fastball），即便平淡無奇，但就是有無上威力。就像美國大聯盟的蘭迪·強森（Randy Johnson），以高達208公分的身高，以及可以投出時速95到103英哩，也就是時速153到165公里的快速直球，來強力壓制對手。打擊者即便可以猜到投手投的是快速直

球，但就是打不到。

　　定位創新是「變化球」（breaking ball），訴求的是產生各種不同方向或速度上的變化，來迷惑打擊者。不像快速球投手不管對手是誰，就是強力發揮自己的速度，敢與打擊者對決。變化球投手要懂得混用不同的球路，不管是投出打者不好打的球，或是投出打者預料之外的球，都像是定位創新的觀念一樣，要靠差異化取勝。

　　就像是變化球的種類相當多樣，例如：曲球（curve）、滑球（slider）、沉球（sinker）、螺旋球（screwball）、指叉球（forkball）等等，訴求差異化的定位創新，也可以從產品、服務、通路等等不同的角度，做到與眾不同。

　　簡則創新則像是投「彈指球」（knuckleball），或稱「蝴蝶球」、「關節球」，就是用指關節彈出幾乎不太會旋轉的球路，讓它隨著周圍氣流、風場的變化，來決定最後的落腳處。如同彈指球讓它隨風飄動，像一隻抓不著的蝴蝶一樣，簡則創新也重視環境的不可測，只須把握簡單原則去做，其他的就讓環境去發酵與改變。

　　練彈指球的投手，雖然球速威力不大，但也因為不須非常用力，所以續航力往往最好。美國大聯盟史上第一位獲得賽揚獎的彈指球投手，目前效力藍鳥隊的 R. A.迪奇（R. A. Dickey），雖然已經41歲，但還是「一尾活龍」。許多百年企業都像是投彈指球，雖然球路不旋轉，產品都是一個模樣，但還是能夠不斷地過關斬將，持續地迎風飄揚。基隆

李鵠餅店、新竹進益貢丸、台中犁記、彰化玉珍齋、西螺丸莊醬油、嘉義噴水雞肉飯，以及台南周氏蝦捲，都是著名的「彈指球型企業」。

整合創新

整合創新是可供企業家用來變革突圍、開創新局的常見招式，強調創新不只是「一個人的武林」，而是要懂得聯之為盟，打團體戰或組織戰，以求跨越改變所需的關鍵臨界點。整合創新的表現形式包括：協會、聯盟、授權、外包、合資、連鎖、購併等。2015年6月底，中芯國際、華為、高通（Qualcomm）、比利時歐洲跨校際微電子研究中心（Imec）宣布，將在上海合資組建新公司，從事積體電路製造研發；面對紅色供應鏈的崛起，台積電一方面加速提升生產效率，另一方面，入股設備製造商，掌握先進技術的研發，不管是強強合資或是入股投資，都是要達到「眾人扶船能過山」的效果。

如果以飲食來做比喻，滿漢全席、飯店自助餐、佛跳牆、各式拼盤、套餐就是整合創新的呈現，重點都得考慮「哪些要放，哪些不要放」。集會遊行，網路串連，都是發揮集體力量的有效行動。手機遊戲只有5%的消費者付錢，但另外不付錢的95%消費者可以陪著玩。優步（Uber）結合私家車閒置資源，創造出新的租車及共乘服務，重點都在資源開發、利用與整合。

如果將交響樂比擬成整合創新的特定形式，把調和管絃樂器的「配器法」（Orchestration）發揮到極致，改進管弦樂團的編制和創作的法國作曲家埃克托·白遼士（Hector Berlioz）（代表作品《幻想交響曲》，電影《與敵人共枕》（*Sleeping with the Enemy*）的主要配樂），無疑就是這方面的代表人物 *。

開放創新

開放創新指的是突破公司原有習慣範疇、產業與系統限制，而從開放的觀點來引進新想法與資源的創新。不管是消費者或是供應商，大自然或是研究機構，不同行業或另一國度，都是工程師或技術人員尋求開放創新的可能來源。

電影《料理鼠王》（*Ratatouille*）裡讓美食評論家感動到幾乎落淚的「普羅旺斯燉蔬菜」，並非是餐廳大廚的創作，而是由一隻味覺超級敏銳的鄉下老鼠Remy幫忙調配烹煮而成。電影《蛇形刁手》裡，由成龍所飾演的蛇形拳傳人，能夠不受限於原有武功套路束縛，從外學習貓爪招式，終於能擊敗天敵鷹爪功掌門。達文西的許多創意也是來自

---

* 白遼士除了會突破前人窠臼，以科學的方式，研究各種樂器的使用潛能以外（例如他加入大型銅管的演奏），也會對演奏樂器的數量有精準的計算、標示，而這都讓他能以全新的方式，開創一種新型的管弦樂團。事實上，白遼士在其音樂生涯中，始終不斷構思他心目中的理想樂團人數，最終他認為最佳數字是467人。據此我們或許也可以這麼說，白遼士終其一生都在思考與演繹管弦樂的整合創新的最佳表現形式。

開放大地的啟發。就如天上的雲朵雖然是個「沒有表面的物體」，但因光影變幻的作用，讓我們可看到它的存在。達文西因此抹掉輪廓線，只藉著光線的明暗變化，讓畫中人物浮現出來。達文西的「暈塗法」（sfumato，義大利文為「霧狀」或「煙狀」之意）技藝，不只讓我們在觀賞《蒙娜麗莎》時，能夠感受到若隱若現的大地，柔和朦朧的笑容，也帶給後世繪畫技巧上的重大突破。

星巴克（Starbucks）推出了「我的星巴克點子」（My Starbucks Idea）社群平台，讓消費者可以對星巴克產品和服務提出各類建議，由此催生出忠誠計畫、酬賓卡的發行。寶僑（P&G）的「技術搜索隊」總是不停止地向外搜尋最有前景的技術。谷歌（Google）的安卓（Android）體系、ARM的技術平台，也都是倚賴開放創新來打天下。

賦名創新

賦名創新講述領導者如何運用說服技巧，來引領相關群體的認可、回響與支持，使得創新之路走的更加順暢。台灣各校都稱呼負責EMBA學程的老師為「執行長」，其實就實際負責的內容而言，就是等同系主任，或是所長，但一叫「執行長」，就讓周圍的人有肅然起敬之感，這肯定對於獲得在職生的肯定或認同有所幫助，這就是一種賦名、造勢手法的應用。

中國歷史上唯二的平民皇帝：劉邦、朱元璋都有很多傳

奇故事，來正名、也「證明」他們的真命天子身分。傳說，劉邦的母親是因為與龍交配而生下他；朱元璋母親陳氏偶得道士所傳丹藥，服用不久之後就生下他。《春秋公羊傳》裡說：「聖人皆無父，感天而應。」援引大眾文化素材，創造一個活生生的故事，就是為了替平民出身的皇帝，取得皇權統治的正當性。在陳橋兵變中被黃袍加身的趙匡胤，雖然匆匆忙忙當了皇帝，但是登基大典、開國詔書一樣都不能少，因為少了禮儀，就少了名分。

賦名創新就是要協助領導者能夠抓住聽眾的心，並激勵他們一起走向創新變革之路。賦名的重點是既要能說之以理，也要能動之以情。當年很多台灣民眾對「兩岸經濟合作架構協議」（ECFA）冷眼旁觀，對政府的說明也無動於衷，而當立委顏清標講出ECFA是「ㄟ攏發」，就讓人耳目一新。施振榮的「微笑曲線」、華碩的平版電腦「變形金剛」、聯發科蔡明介的名言：「今日山寨，明日主流」，都是引領創新的好說帖。

整合 vs. 開放 vs. 賦名

整合創新與開放創新都是分析策略的內容，關心的是可供企業選擇的具體創新招式。整合創新強調聯合所有受限於類似環境壓力的相關成員，共同努力尋求改變，是一種由內而外的創新過程。相對的，開放創新是由外而內，藉由引進外在想法與資源來改變現有產業與環境的框架、思維。最

後，賦名創新也是著重於分析可供企業選擇的創新內容與招式，但其形成的過程並不特別局限於內部或外在，所有內外部利害關係人都可涵蓋其中。

如果以電影中常見的拯救地球劇情，來說明這三種招式的不同，整合創新就像《復仇者聯盟》（*The Avengers*）裡所描述的，美國隊長、鋼鐵人、雷神索爾、浩克、鷹眼、黑寡婦等超級英雄的整合作戰，共同對抗透過「宇宙傳送門」入侵地球的外星族群。

開放創新，就像《世界末日》（*Armageddon*）裡，美國政府找油田工人，來解救慧星撞地球的危機；《世界大戰》（*War of the Worlds*）裡的火星人大軍，最後是被意料之外的病菌搞得奄奄一息。這些都不是靠正規軍取勝，而是在開放的環境裡，找到解決方案。

而賦名創新所強調的造勢、師出有名，就像《ID4星際終結者》（*Independence Day*）裡那一場激動人心、鼓舞士氣的總統演講，帶領所有人民擊退外星人，解除危機。也像《明天過後》（*The Day After Tomorrow*）片尾，美國總統透過全國廣播，呼籲大家要珍惜地球環境的重要性，所做的理性與感動訴求。

整合、開放、賦名，雖然代表三種不同的創新招式，但在實務應用上，常是聯合出擊，以求極大化變革突圍的威力，這與能力、定位與簡則，代表三種不同指導方針的情況並不相同。日本影史最具有代表性的電影：《七武士》，

講述日本戰國時代末期，一個村莊的村民，如何對抗與改變經常遭受土匪搶劫的困境。村民的主要戰略，首先就是開放，從外面找來七位武士幫忙。接著在武士們的指導下，學會整合作戰，建構防禦工事。而為了統一戰線，鼓舞士氣，村中長老與武士們也運用很多賦名手法，例如：長老告訴大家聘請武士是對抗土匪的唯一出路，因為他曾經見過別的村子有同樣的作法，「我的眼睛看到了，只有聘請武士的村子可以逃過劫難」；當村民認為高高在上的武士不會幫助農民時，長老回答：「飢餓的武士哪顧得到自尊，就像飢餓的熊會自行下山。」當武士們剛抵達村莊時，村民們反而出現抗拒的心態，這時由三船敏郎飾演的菊千代就猛敲警鈴，製造土匪們來襲的恐怖情境，以此號召村民和武士合作一起團結對外；製作軍旗，統一指揮，「既然是作戰，怎可以沒有軍旗？」要求大家一起呼口號以表達決心；當大家疲憊不堪時，以輕鬆的比喻言語，提振士氣與精神。

　　整合、開放、賦名三種策略的聯合與交互應用，最終就讓村民們能夠擊退土匪，再度高唱「農家樂」。

心法為基，招式以擊

　　本書所介紹的六大創新策略，各自在概念的分析上有其獨特性，但在實務的應用上又有其彼此的相關性。例如，能力創新是向內看，定位創新是向外看，但在企業實戰經驗中，可能更多時候都須安內攘外、抑或內外兼顧。多年來，

蘋果在Mac系列產品的開發上，一直努力維繫其核心顧客「蘋果迷」的向心力，而在iPod、iPhone、iPad的研發上，也都很注意蘋果迷的喜好反應。但在2015年推出的Apple Watch上，相較以往而言，就特別在市場定位與差異化服務上下功夫，例如，推出高達34款產品供顧客選擇。

在實務應用上，本書介紹的三種心法不完全會互相排斥，就像王牌投手不只懂一種球路，而是必須擁有兩種以上能牽制打者的球路，也就是指兩種球路最好能夠達到plus-plus的搭配，且穩定性良好的「Ace Stuff」。2014年世界大賽MVP、舊金山巨人隊投手龐加納（Madison Bumgarner），各種球路都很準，打者以為猜到了，偏偏是另一種；他用直球搶好球數，切球刁鑽有尾勁，滑球又能投進任何角度，讓打者很難應付。台灣之光王建民的沉球雖是一絕，但如果僅止於此，在恐怖打者輩出的美國大聯盟，還是很難持續站穩腳步。

應用本書的架構，也要靈活地互相配合心法與招式。「心法」偏向於管理哲學，策略見識，著重在回答為何（why）的問題；「招式」屬於具體的管理方案，策略選擇，注重在回答如何（how）的問題。只有心法，欠缺招式，則創新策略只停留在理念、規劃方向，欠缺執行面的落實。只有招式，沒有心法，就只是欠缺理念方向的一時之作，既難以長久，也會感到無以適從。唯有以心法為基礎，再以招式出擊，則可收變化萬千的效益。

雅虎vs.谷歌

我以雅虎與谷歌的比較為例，進一步說明心法與招式的搭配問題。雖然雅虎和谷歌兩者都在搜尋引擎市場上先後占有一席之地，但兩者的策略不太一樣，績效也因而有所差別。雅虎只採整合招式迎戰，谷歌則是整合招式加上能力心法出擊。

一路走來，雅虎的創新與成長過程都非常倚重整合，但沒有與它的能力心法相結合。也就是說，雅虎持續在自己的網路平台上，整合許多不一樣的服務與產品，但這些服務與產品幾乎和雅虎的核心能力並沒有太大的關聯性。

例如：雅虎和路透社（Reuters）合作，將路透社的新聞直接擺在雅虎頁面上，讓網路使用者在進入雅虎網站後便可以立即閱讀新聞；雅虎和索尼音樂（Sony Music）合作，讓使用者可以在網路上收聽音樂；而雅虎和CareerBuilder合作，提供了求職服務。其他諸如遊戲與線上遊戲等多樣化的服務，讓雅虎在2004年以前，一直是網路搜尋引擎市場的龍頭老大。

雅虎多樣化產品與服務的策略確實達到一定成效，但卻無法為雅虎帶來可長可久的競爭力。2004年，雅虎在搜尋引擎市場的領導地位，最終被後起之秀谷歌奪去，究其原因在於谷歌採用了更有方向的整合策略。

谷歌的搜尋引擎是該公司成立兩年內的獨特產品，它採

用創辦人謝爾蓋・布林（Sergey Brin）與賴瑞・佩吉（Larry Page）所開發的獨特演算法技術PageRank，這項根據加權係數所建立的演算法，為谷歌的使用者帶來更具效率的搜尋服務，因而成為谷歌在發展上的核心能力。

和雅虎早期的發展不同，谷歌在資源的整合上不僅僅只有整合，而是以自己的核心能力做為資源整合中心；任何被整合的資源與服務，都必須和谷歌自己的核心能力相搭配。例如：谷歌推出Gmail，就是根據自己的演算法所建構起來的，Gmail使用者可以透過谷歌演算法來管理、搜尋自己的信件；谷歌於2005年推出的地圖搜尋，也是根據演算法所建構。

如果比較雅虎和谷歌兩者在整合創新上的策略，我們可以清楚地發現：谷歌所提供的每一項服務都和自己的核心能力有關，但雅虎的多樣化服務卻沒有。因此，谷歌在資源整合上是採用了能力加整合的方式，而雅虎只有整合招式，缺少了能力心法 $_2$。換句話說，谷歌的成長與創新策略，是既有招式出擊，背後又有心法的加持，而雅虎卻只是使出招式，但在一陣猛攻過後，就因為欠缺心法的指引，而無法真正發揮出「整合拳」的強大威力。

創新圖示

本書所介紹的創新六策，可以43頁圖二來做既抽象又具體的表示。最上方圖代表我們要分析的對象，粗黑框的圓圈

代表的是「追求創新變革的組織」，與它一同受限於方框中的圓圈代表其他組織或企業。

　　能力創新，從看見自己做起，核心能力與組織本身為策略分析的焦點，因此，黑框的圓圈可以實心實體來表現。定位創新，則是經由了解外在環境、產業變遷與競爭對手，來找到自己最適宜的定位，因此將其他外部廠商塗以實黑，代表這是分析的重點。簡則創新，任何風吹草動都可能牽一髮而動全身，所以，策略不如視情況而定，與環境的互動保持模稜兩可的彈性，因此，原本的黑框可以以近似透明的渲染手法表現。

　　整合創新，強調的是與他人的合作團結關係，因此可以實線連結的網路方式表示。開放創新，就是打破產業疆界，創新可以來自千里之外，因此將網路關係延伸到外框之外。賦名創新，策略重點在於轉念，提出不同的思考框架來改變習以為常的看法，因此可以代表創新企業應具有的正面能量或評價「＋」，與他人負面能量的「－」來做對照。

六大門派圍攻光明頂

　　看過金庸武俠小說《倚天屠龍記》的人，一定對「六大派圍攻光明頂」這一幕印象深刻，最後，我把本書所要介紹的六種創新策略，與小說裡的六大派做個對照，以加深讀者的印象，也讓大家在閱讀本書各章時多一些聯想的樂趣。

　　首先，就是張無忌的出身，武當派。講究內家功力的武

當，對比的當然就是從核心能力與競爭力出發的能力創新。武當派認為，內功練好了，每出一拳都會很有力，就像王品把餐飲業的管理發揮到極致，每推出一個新品牌，能吸引大眾的注意。

《倚天屠龍記》裡，趙敏帶隊突擊武當，受到暗算的張三豐，臨陣才教張無忌太極拳與太極劍，擊退阿大、阿二、阿三等三大高手。張三豐在教完張無忌太極劍後，張無忌先是「記了一小半」，再想一想後就「忘記了一大半」，接著再看張三豐演練一遍後，就「全忘了，忘得一乾二淨的」。這種講究「神在劍先」的觀念，就類似能力創新強調的，要將核心能力內化成日常的思維與態度，進而達到「內充其體，外致其用」的境界。

相對武當的內家真功，講究外家武功、練外家拳的少林派，對比的就是要避開強力競爭、發展出獨特活動的定位創新。而少林寺的七十二絕技，更可聯想為各式各樣的差異化策略。不管是空性的龍爪擒拿手、空智的大力金剛指，或是渡難的須彌山掌，都可看成是一組環環相扣、緊密連結的功夫活動組合。

對應簡則創新的就是峨眉派。《倚天屠龍記》第十八章記載，張無忌為救明教銳金旗的眾人，甘願接滅絕師太三掌，其中第三掌威力最大：

　　叫做「佛光普照」，任何掌法劍法、總是連綿成套，多則

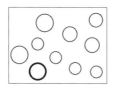

◯：追求創新變革的組織

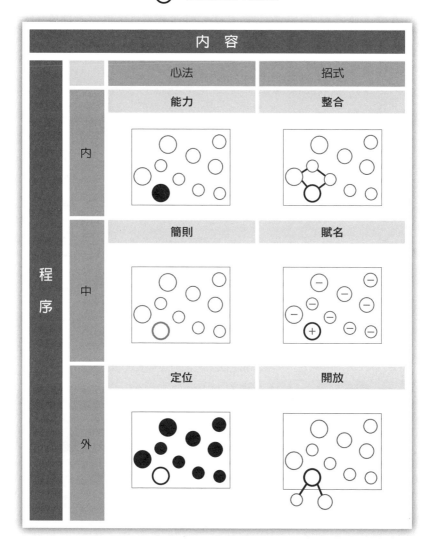

圖二　圖示創新六策

數百招,最少也有三、五式,但不論三式或是五式,定然每一式中再藏變化,一式抵得數招乃至十餘招。可是這「佛光普照」的掌法便只一招,而且這一招也無其他變化,一招拍出,擊向敵人胸口也好,背心也好,肩頭也好,面門也好,招式平平淡淡,一成不變。

佛光普照這一掌,雖然簡單,但就像周星馳電影《功夫》裡的如來神掌一樣,都可一招半式闖江湖。

對付簡單只能簡單。張無忌以九陽神功的要領,擋下滅絕師太三掌,「他強由他強,清風拂山崗;他橫任他橫,明月照大江。他自狠來他自惡,我自一口真氣足。」不去管對方的剛強內力,也不去想如何出招抵禦,就只是「一股真氣匯聚胸腹」,靜立不動回應對方的招式掌力。張無忌以簡單的自提一口真氣,來化解也是簡單的峨嵋絕學佛光普照。

整合創新可以崑崙派兩儀劍法代表。光明頂上,崑崙派掌門何太沖與夫人班淑嫻合起來使出兩儀劍法,對戰張無忌。兩儀劍法依循兩儀之道,必須兩人合使,特別是華山派也有一套兩儀刀法,「倘若刀劍合璧,兩儀化四象,四象生八卦,陰陽相調,水火互濟,……威力太強,威力太強!你(張無忌)是不敢抵擋的了。」正兩儀劍法須兩個人(何太沖與班淑嫻夫婦)合作使出才有威力,這就是整合創新,如果能夠再加入反兩儀刀法合併施展,威力更是無窮,這也是整合創新強調的整合威力與效果。

　　第五個門派，崆峒派。崆峒最有名的功夫就是七傷拳：
「五行之氣調陰陽，損心傷肺摧肝腸，藏離精失意恍惚，三
焦齊逆兮魂魄飛揚。」將這套拳法發揮得最淋漓盡致的不是
崆峒五老，而是金毛獅王謝遜。謝遜是明教人，他不學本門
武功，而是去偷學其他門派的功夫，這不就是強調引進外在
想法與思維的開放創新嗎？

　　最後就是華山派。六大派圍攻光明頂的首領是少林派
空智大師，軍師就是足智多謀的華山派掌門神機子鮮於通。
華山派不只負責後場的運籌帷幄，在打鬥現場也不斷有華山
弟子的魔音傳腦、鼓動、造勢。在高手對決第一場，武當派
的四俠張松溪對上白眉鷹王殷天正，就有華山派的人在旁大
聲叫囂：「白眉老兒，快認輸罷，你怎能是武當張四俠的對
手？」當進行到最後的決戰點時，華山派的人就搶先站出來
定調今日一戰的最終目的：「什麼投不投降？魔教之眾，今
日不能留一個活口。除惡務盡，否則他日死灰復燃，又必
為害江湖。」施教揚聲，廣宣造勢，就是賦名創新的核心重
點。

第1章
能力

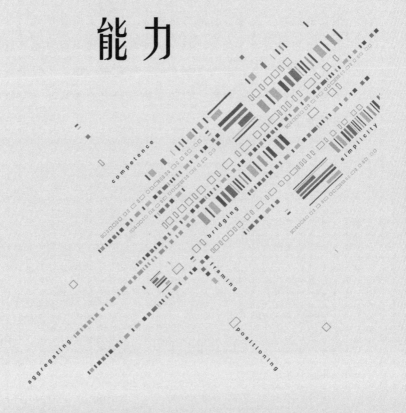

我爹常説，習武之人有三個階段：

見自己，見天地，見眾生。

我見過自己，也算見過天地，可惜見不到眾生。

這條路我沒走完，希望你能把它走下去。

——《一代宗師》

本章討論創新策略的基本思維：從核心能力或專長的觀點，來開展未來的創新成長。我會介紹核心能力與固本培元對企業創新的啟發，也會分析能力極致與效率至上所發揮的「唯快不破」效用與威力。所謂「福分禍所伏」，核心能力也可能因為制度化，而成為妨礙企業創新的核心包袱，因此，接著將導入「破壞式創新」的觀點，討論如何協助大企業成功重整組織，再度靈活地舞動創新。

　　電影《少林足球》裡，由周星馳飾演的阿星，率領他的少林師兄弟，利用各自的武功專長，包括他自己的大力金剛腿，大師兄的鐵頭功、二師兄的旋風地堂腿、三師兄的金鐘罩鐵布衫、四師兄的鬼影擒拿手、六師弟的輕功水上飄，在足球場上創造出驚人威力，勇奪全國超級盃冠軍。

　　就像《少林足球》故事一樣，善用原有的專業能力與技術專長，創造出新的空間，在另一個舞臺發光發亮，就是做到「能力創新」。

　　日本最大半導體製造商東芝（Toshiba），2014年將其原本配備無塵室的閒置軟碟工廠，改造而成「橫須賀東芝無塵室農場」，來栽培有機蔬菜。東芝利用它的核心照明技術，控制最適合植物生長的燈光與溫度、空氣過濾、用水製取裝置、工作服清潔等，也都是應用公司既有的無塵室技術標準與流程。

　　台灣電源供應器領導廠商台達電，也將它們的電源管

理、風扇系統及照明技術能力，拿來經營植物工廠。同樣的，金仁寶電子也將無塵室用燈、用水、空調等高科技產業的生產設備，拿來培養有機蔬菜。這些電子大亨變身科技農夫的多角化作為，都是能力創新的具體實踐。

　　本章所介紹的能力創新，強調的不是由外而內（outside in），而是反求諸己，是由內而外（inside out），從自己的核心能力與專長出發，來思考創新的可行性與作法。法國哲學家沙特名言：「他人即地獄。」創新就是要聆聽自己內在的聲音，不看對方來見招拆招，就如傳統中國武術裡所強調的「不招不架，就是一下，有了招架，就是十下。」

核心能力

　　策略學者普哈拉（C. K. Prahalad）與蓋瑞‧哈默爾（Gary Hamel）所共同提出的核心能力（也譯為：核心專長、核心能耐、核心競爭力），是能力創新的主要論述基礎。核心能力基本上是以知識、技術為基礎，經由組織學習、發展、培養而形成的特有資產。例如：豐田（Toyota）的生產體系、聯邦快遞（Federal Express）的運籌管理能力、花旗銀行（Citi）所建立的良好商譽等。一旦培養成功核心能力，不但能為企業賺取超額的利潤，且不容易被對手仿冒與抄襲，築起潛在進入者的屏障，以確保本身的競爭優勢不受到挑戰。

　　普哈拉與哈默爾以大樹的概念，比喻核心能力與企業

成長的關聯性，核心能力就是這棵樹的根部系統。事實上，最能夠代表核心能力概念的中國字，就是樹木的「木」，「木」畫一橫是「本」，本的意思就是樹根的「根」。

中國傳統思想原本就強調固本培元。「元」是初始、開始的意思，所謂「一元復始，萬象更新」。應用在創新策略，固本培元的概念即可解讀為：企業應該照顧和開發自己的核心能力與專長，甚至培養與精煉，讓核心能力幫助企業找到新的發展方向。

電影《葉問：終極一戰》片尾，葉問寫了一幅對聯：「處世樹為模，本固任從枝葉動；立身錢做樣，內方還要外邊圓。」固本，不只可以培元，也就是發展新事業，同時讓企業可以專心致力於本業研發，避免在不熟悉的領域裡尋尋覓覓，困擾煩心。

推動創新必備的VRIN資產

本田（Honda）的傳統核心能力建立在引擎技術，所以新推出除草機產品，就是依循核心能力驅動的創新成長思維。順此邏輯，本田宣布要造飛機，就不令人意外了。因為機會總是留給有準備的人，而累積與精進核心能力與專長就是為未來做好準備。

施華洛世奇（Swarovski），以加工水晶玻璃工藝品聞名，專長的核心技術是研磨砂輪，這本來只用以磨玻璃、切水晶，但因做得不錯，累積多年的技術後，發現公司的技術

也可運用來研磨及切削半導體製程設備，意外促成公司的多角化經營。施華洛世奇的創新過程，雖不像本田有清楚的發展意向，更是無心插柳柳成蔭，但也是一種依附核心能力的骨幹，所發展出來的創新事業組合。所謂「縱橫不出方圓，萬變不離其宗」，正是這個道理。

把服務發揮到「語不驚人死不休」層次的大陸火鍋店海底撈，靠的是從四川老鄉培養出來的員工，「打仗親兄弟，上陣父子兵」，原因就是大多數人在熟人圈的道德水準會比在陌生人群中要高，這對於員工大都來自社會底層的餐廳更為重要。而且任用熟人與老鄉也能促成正向的團隊氣氛與組織氣候。海底撈創辦人張勇指出：「創新在海底撈不是刻意推行的，我們只是努力創造讓員工願意工作的環境，結果創新就不斷湧出來了。」、「海底撈的所有作法，別人都可以複製，只有海底撈的員工是沒法複製的，這就是海底撈的核心競爭力。」₂

喬治‧歐威爾（George Orwell）的著作《動物農莊》（*Animal Farm*）裡提到：「所有動物都是平等的，但有些動物比其他動物更平等。」企業也是一樣。企業的能力可以包括人員、設備、技術、資金等具體的有形資源，像是產品設計、資訊、品牌，還有與供應商、顧客、政府的關係等等無形資源，也含括作業程序、文化、價值觀等等。這些都是重要的資源資產與能力，但並不是每一種能力都會成為驅動創新成長的引擎，它至少需要具備四個要件：有價值

的（valuable）、稀少性（rare）、不可模仿性（imperfectly imitable）、不可替代性（non-substitutable）$_3$。就像本田的引擎設計製造能力、施華洛世奇的砂輪研磨技術、海底撈的四川老鄉一樣，因為具備這些特性，所以才能推出新產品、開發新事業，或是激發更多的服務創新，創造持續的市場價值與優勢。

HP噴墨印表機

能夠成為孕育創新組織的核心能力，必定是經過長久的淬鍊，這其中，高層的支持以及員工的熱誠都是重要的推動引擎，以今日印表機產業的霸主惠普（HP）為例，噴墨印表機的創新發明，從「概念構想」到「產品上市」，就是能力建立、發展與養成的軌跡歷程。

早期的印表機以點矩陣為主，但因為機體龐大、列印聲音吵雜，且針點大小固定，在列印圖像檔時品質很差，這時候，噴墨技術的發明與發展，便受到相當大的矚目。1976年，IBM採用連續式噴墨技術，推出史上第一台噴墨印表機──IBM 4640，但因這項技術幾乎是以「滴落」的方式將墨點印到紙上，速度太慢，效果也不好，直到1984年，惠普推出採用熱泡式噴墨技術的印表機，市場才真正開始起飛。

事實上，早在1950年代後期，惠普即開始研發印表機，雖然沒有明顯的進展，但惠普內部一直努力不懈，並開始累積許多相關的技術與市場經驗。其中，一位強調實作的工程

師——沃特（John Vaught）於70年代開始扮演重要角色。在專長理論分析的合作夥伴——唐納（Dave Donald）的協助下，沃特長期探索如何在控制墨滴流出速度的技術上有所突破。

1978年聖誕假期裡，沃特想到利用電流通過電阻，瞬間產生攝氏300到400度的高熱產生氣泡，氣泡產生的壓力使墨滴由噴墨頭噴出，果然控制墨滴流出的速度。但也遭遇另一個問題，電極被侵蝕，而且也不太清楚整個運作原理。同時間，負責的主管認為這項技術市場機會不大，決定調整方向，因此將唐納轉調到其他計畫。然而沃特的研發熱情，卻也在這時候得到公司高層的支持，而繼續下去。

因有高層的背書，使得印表機的開發專案得以聚集公司內不同部門且不同專長的研發人員加入，藉由各種理論與學術文獻的檢視，並利用不同的實驗方式重組公司內部許多既有的技術，終於初步解決包括氣泡侵蝕電極在內的一些技術上的問題。

管理階層這時開始嘗試將這項發明推向商業化，在組裝原型機的過程中，並參考先前惠普在印表機開發過程中所累積的許多失敗經驗，以及事業體內其他相關產品的技術專長。終於，惠普在1984年推出ThinkJet印表機，並且在1999年將這台能印出600 dpi全彩的印表機售價壓低到99.99美元，徹底打開市場通路。而此距離惠普於1957年開始正式投入熱泡式噴墨印表機的研究開發，已經過了42年 [4]。

日本武士道有個說法：「一生懸命。」意思是指：用盡全力，拚命工作的精神與態度。真正能力養成的過程，也往往都是一生懸命的具體實踐。

玻璃變黃金

真正具有價值的技術或產品創新，大都是走過一條漫漫長路。有二百多年歷史的杜邦（DuPont）公司，前後花了十年的功夫，才研發出尼龍（Nylon）製品。兩岸都很知名的九陽豆漿機，花了十五年的時間研究，才了解到用鈍刀撞爛黃豆，豆漿煮到攝氏86度，才是能留住營養的最佳選擇。

日本富士通所成功開發出來的全彩電漿顯示器（plasma display panel, PDP），一開始並不是該公司的正式開發專案，而是工程師篠田傳秉持自己的夢想，從1973年開始暗中埋頭研究七年，等到嘗試製作出「平面放電」技術，才獲得公司的正式認可。而且因為全球都沒人研究這項技術，篠田傳就邊摸索、邊實驗，除了想辦法用自己的力量組成研發小組，也在私底下商請同事幫忙開發試製機。終於在1992年，全球最早的21吋PDP，共100台，正式在紐約證券交易所跟全世界見面[5]。

上演「把玻璃變黃金、把塑膠變鑽石」傳奇的大立光電，始終堅持的就是一步一腳印，技術自主沒有捷徑。曾任職大立光電發言人的高芳真博士就曾強調：「一定是200萬畫素做出來，才會往上做到300萬。」「一定是先有球面技

術，才有非球面技術。」「就UPL這台機器而言，一開始光
學設計值是1，但是在車工時，依你的經驗判斷，可能要把
設計值調成0.9，才能做出想要的東西……又例如，有個鏡
頭因為會模糊，所以被客戶退回來，但我們後來發現，只要
旋轉180度，就可以解決問題。這種東西如果沒有歲月與經
驗的累積與傳承，你怎麼知道轉個角度，良品就出來了。」
深耕光學產業三十多年，大立光電以務實的態度落實師徒傳
承，「自己開發雖然速度慢、非常辛苦，但是二十年來，成
果卻相當扎實。」「大立光電的理念就是以公司的品質、技
術去做生意，我們認為只要品質好、技術好，自然就會有一
定的客源，接下來只要和客戶維持一定的關係就可以了。」6

　　因為走過必留下痕跡，痕跡也往往形成公司的核心能力
與專長，競爭者的模仿障礙，並且成為日後發展與成長的基
礎能量場。

三星的檜木理論

　　核心能力的培養需要長久的時間，但只要養成，就會
形成獨特的文化、制度，對公司產生潛移默化的作用。三星
（Samsung）總裁李健熙曾經提出的「檜木理論」，就蠻能
呼應這種說法。

　　李健熙說：「檜木一年才生長25公分，長成大樹約需
一百年的光陰，具有獨特的香氣與堅固的良材質地。」企業
的核心能力，應該就像生長緩慢的檜木一樣，只要進入到它

的核心周圍，就會感受到它的存在，受它影響。

　　1997年7月，在韓國剛受到亞洲金融風暴襲擊，我因為研究硬碟機工業，到三星集團企業研發中心（Samsung Advanced Institute of Technology）參訪。當時，從機場通往漢城（現稱「首爾」）的高速公路上，看不到太多汽車，一路的訪談接觸也圍繞著「國際貨幣基金組織（IMF）危機」打轉。但到達目的地，從入口處的嚴格管制，即刻感受到韓國財閥（chaebol）企業的堅持與霸氣。

　　傳統上，三星並非硬碟機大廠。硬碟機工業開始於1956年，IBM推出全球第一台硬碟，在80年代以後，因為個人電腦市場的興起，蓬勃發展。三星也約在此時積極投入，在80年代中期，幫康諾（Conner）代工做起，到了80年代後期，約花了一年時間發展出自己的產品。一開始以內銷為主，直到90年代中期，經過了七、八年的學習與汲取經驗，開始轉向國際市場。

　　三星的硬碟機，並不是一個賺錢的事業體，根據同業說法，這主要歸因於「它們什麼都做」。但不管開口、閉口，都離不開「技術」兩個字的三星主管卻認為，「什麼東西都應該要自己做，這樣才能控制好整個技術的整合」。三星一直沒有放棄硬碟機，並且強調各部分的研發都要自己來，認為只有這樣，才能真正掌握核心技術，深化自己的核心能力，也才可以隨時因應突發性技術改變的挑戰。三星的硬碟機事業，雖然一直不賺錢，但因為深知研發是練兵，以備不

時之需，所以從不間斷投資。三星主管對技術的堅持，就是檜木理論的體現，不管是深處其中的員工，還是偶爾來訪的客人，都能很自然地感受到它的創新文化。

相反的，台灣企業的研發，主要都是應付現有顧客的需求，講求快速效果，雖名為R＆D（research ＆ development），但實際上是「Small R＋Big D」，或甚至是「Nil R＋Small D」，也因此往往無法培養出自己的核心能力。

有一年夏天，我跟家人到阿里山旅遊，住在阿里山賓館，雖然門戶大開、窗戶沒關，但仍然沒有蒼蠅、蚊子打擾，原因就是因為賓館庭院有好幾棵百年台灣檜木。如果將三星比喻成「只要靠近，就會感受到它的氣息、文化，與對技術的堅持」的阿里山賓館，這個世界上有更多的企業，就像是汽車旅館：每個人都只是過客，既不會在意接觸時的感受，也不會有任何長住的打算。

真能形成如檜木般獨特香氣的核心能力，必能自然地散發出來，達到收發自如、得心應手的境界。就像北宋米芾以「獅子捉象」之力寫出《蜀素帖》一樣＊。（請見P277圖1）

＊　「蜀素」是四川織造的白絹，表面還織有書寫用的烏絲欄，因絲綢織品比較粗糙，不易書寫，因此沒有人敢輕易在上面題字。直到米芾在偶然機會，得見此絹，在主人力邀下，當仁不讓的寫下自創的八首詩，自此，便傳為歷代書法名作之一。明代董其昌曾評：「此卷如獅子捉象，以全力赴之，當為生平合作。」

回到自己最根本的

能力創新的重要指引之一就是要「見自己」，成長往往是回到自己最根本的東西，才能真正持續、發展下去。

老子曾說：「企者不立，跨者不行。」「企」是墊腳尖，「跨」則是跨大步。我們當然可以墊腳尖站立，也可以跨開步伐前進，墊著腳尖或許可以跳出很優雅的芭蕾舞，但無法以這樣的姿勢跳一整天。中國大陸田徑選手劉翔可以跨欄跑110公尺，但鐵定不能以同樣姿勢挑戰馬拉松。所以「企者不立，跨者不行」的意涵，就是我們依然要回到最根本的核心，去思考未來的發展方向。

「回到根本」概念，同樣也可見諸於《易經》。《易經》第25卦是「無妄卦」，卦辭是「元亨利貞。其匪正有眚，不利有攸往。」用白話文解釋是說：「不妄動妄求，就會亨通順利；如果不守正道，就會惹禍上身，因而也就不利前往行事。」無妄卦告訴我們，堅守中正之道，是行為做事的最高準則。

創新的道理相同，思源、固本，做到「外化而內不化」，才是王道。就如《荀子‧儒效》所言：「千舉萬變，其道一也。」

亞馬遜雲端服務

網路書店亞馬遜（Amazon），從1994年創辦以來，因

業務需求，對於雲端設備的投資一直不手軟，經過多年的發展，已經建立起別人無法取代的核心資產設施。2002年開始，亞馬遜發現，它投資的設備有不少閒置產能，為了增加使用率，開始對外出租。不久，亞馬遜發現這是一筆好生意，因此就加碼擴大投資。正所謂「念念不忘，必有回響」，到了今日，這項因為「固本」而產生的新事業，就成為我們今日熟知的「亞馬遜雲端服務」（Amazon Web Services, AWS）。

　　雲端是個巨大機會，對很多人來說，可能都只是「只在此山中，雲深不知處」。許多網路或行動應用程式（app）創業者，常會有「微升古塞外，已隱暮雲端」的困擾，也就是新創公司很容易，但陣亡也很快。亞馬遜長期深耕細作，固本培元，自然而然地摸索出開發雲端的商機。

逍遙派

　　核心能力的觀點，與《天龍八部》裡逍遙派的兩大神功：小無相功與凌波微步，看法非常類似。

　　小無相功，是逍遙派的道家內功，講究「清靜無為，神遊太虛」，鳩摩智偷學這套內功後，以它為根基，運轉在大力金剛掌、袈裟伏魔功、龍爪手、般若禪掌、無相劫指等少林七十二門絕技外顯招式上，不管是用哪一招，都能擊敗原先專精於該項絕技的高僧，讓少林群僧幾乎個個悲怒沮喪，搥胸頓足。

　　小無相功以「無相」兩字為要旨，不著形相，無跡可尋。就像核心能力所強調的，創新的能力會內化成為公司文化的一部分，是競爭對手很難複製或學習的核心能力。

　　從核心能力的觀點思考創新也一樣。廠商如果能將核心能力運用在各種用途，創造出各種競爭對手都意想不到的產品，例如，索尼（Sony）在視聽設備上運用迷你化能力，推出隨身聽。「迷你化」就是索尼的小無相功。

　　另外，凌波微步為逍遙派上乘輕功，以北冥神功為基礎，以動功修習內功，發展出自身獨特的經脈氣血運行模式，「每一步踏出，全身行動與內力息息相關」，「每走一遍，內力便有一分進益」，「每一步都是踏在別人決計意想不到的所在」，讓對手束手無策，防不勝防，「猝遇強敵，以此保身，更積內力，再取敵命」。

　　凌波微步的「動功修習內功」，就是一種在實踐中成長、茁壯的觀念，這跟核心能力講究能力的建構是日積月累，從實驗室內的應用研究、新產品開發、市場回饋資料分析等等日常親身實踐過程中，累積而成的技術軌跡，都是同樣的觀念。

　　大立光電從掌握球面技術，再提升到非球面技術，從會磨玻璃鏡片，到更進一步到會磨塑膠鏡片，從1,000萬畫素，再提升到1,200萬畫素，每一次技術提升，也都是以「動功修習內功」，來提升與強化自己的核心能力。

效率至上

把自己的資源組合與長處能力發揮到極致，做到比別人精、比別人強，不只可以擺脫市場競爭而勝出，也可以更高的「層次」想清楚發展方向，找到另一條「紫牛」之路。雖說生命會自己找到出路，但前提是你必須先證明你是優勢物種，效率第一，才可行有餘力，則以創新。

精益求精，練好基本功，看似簡單，沒什麼變化，但也不是那麼容易做到。2011年，有一位台塑總管理處的高層跟我說，有許多大陸人去台塑參觀，想要學習台塑的管理。但他實在很納悶，因為台塑的管理其實沒有什麼特別，就是「勤勞、節儉」，實在不知道給別人看什麼。這位經理人的講法事實上就是反應台塑的經營之道，「持之以恆，刻苦耐勞、質樸無華、去蕪存菁」，都是講究回歸根本，沒有太多的花樣，就是扎扎實實，以如切如磋、如琢如磨的精神把本業做到最好。

2009年諾貝爾經濟學獎得主奧利佛・威廉森（Oliver Williamson）曾指出，如果一個項目在生產、通路及組織上的成本，很明顯的是沉重負擔時，花再多心力在策略上都是枉然。即使有了精心策劃、市場定位、最厲害的高手，都很難拯救一個經濟成本結構有問題的方案，這種講法，就很符合台塑的精神。台塑創辦人王永慶就認為：「台塑沒有策略，所做的就是營業動態管理。」事實上，這種重視每日營

業動態管理的精神，就是台塑的策略，也就如威廉森所強調的「Economy is the best strategy」，節約、精實、效率，或是物美價廉，就是最好的策略。

營業動態管理，每家企業都在進行，但台塑就做得特別好，原因在於它已將「效率至上」內化成為它的核心能力與專長。就像金庸小說《天龍八部》中，喬峰在聚賢莊一戰，因政治民族理由，而使太祖長拳擊敗天下群雄。武林中人人都會太祖長拳，但這套基本功到了喬峰手上，因為有深厚內功為基礎，就變成江湖上最屬害的武功招式之一。

《神鵰俠侶》裡的楊過，因緣際會尋得劍魔獨孤求敗老前輩留下來的玄鐵重劍。此劍依靠渾厚的內力運使，「重劍無鋒，大巧不工」，不管對方用什麼武器、使出什麼招式，就是一劍劈下去。

就像是台塑企業，始終聚焦在合理化，效率至上，不管面對什麼樣的產業變遷，經營困境，就是貫徹實施「合理化」、「一劍劈下去」，而這也體現在台塑對於長庚醫院的成功經營管理上。

紅皇后

在《愛麗絲夢遊仙境》書中，愛麗絲跟著紅皇后（Red Queen）跑了一段時間後，發覺還是留在原地不動。愛麗絲忍不住對紅皇后說：「在我們的國家，只要你跑得夠久、夠快，就一定會到達一個不一樣的地方。」紅皇后回答：「這

是什麼慢調子的國家。你瞧，在這兒，我們必須拚命向前跑，才可以勉強維持在原地。你若想到別處去，至少要跑得比現在快2倍才行。」

追求效率至上的企業，就是要在10倍速時代，表現出20倍速的能力與創新精神。能力創新強調的不只是「不進則退」，而是還要能有跳躍式的成長。領導者與經理人的任務，不只是依據現有資源來設定公司目標，而是要能夠像新創公司一樣，在資源與目標間創造差距，要「好高騖遠」，進而逼出員工的潛能，創造出最大的效益 [8]。創新要向前伸展，既求固本培元，也要勇於探索，敢於挑戰「不可能的任務」。

2015年初，我造訪大陸鹼性電池龍頭──寧波雙鹿集團，詢問負責人力資源的最高主管：公司現在最重要的發展目標是什麼？她說：「把不良率從8PPM降到5PPM＊。」我回答：「日本企業都會要求做到0PPM。」她先是愣了一下，然後答說：「電池廠不可能做到0PPM。」我接著回答：「所以就要挑戰不可能的任務。」

雙鹿的對話當下，我馬上聯想到奇異（GE）的案例。1990年代初期，傑克・威爾許（Jack Welch）導入延伸式目

＊ PPM是「parts per million」的縮寫，也就是百萬分率。不良率8PPM也就是每百萬件貨品，只有八件不良品。一般所謂六標準差績效是指每百萬件中有3.4件不合格品，也就是3.4PPM。

標管理方式來改造奇異的組織文化：「過去，我們膽小地只習慣於推動一些小小的進步，就像會將目標設定在把存貨周轉率從4.73改善到4.91，或是將營運毛利從8.53%提升到8.92%……我們再也不做這種事了。在一個講求速度的世界裡，小數點是令人厭煩的，它不會帶來啟發或是挑戰，也不會帶來任何想像力，我們現在的目標是10倍的存貨周轉，並且要有15%的營運毛利。」

幾年後，雖然奇異沒有達成這些不可能的任務，但事實是，在這之前的十年裡，奇異的毛利都只有個位數，存貨周轉率只有四或五。但到了1995年，奇異的營運毛利卻達到14.4%，存貨周轉率則幾乎到了七次。 延伸目標的作用，就在通過優勢夢想去激勵創新變革。

經營之神王永慶說：「人生就像跑步一樣，要每天不斷地練習。如果你要比別人跑得快，就必須加倍努力。如果別人跑在你前面，你就要尊敬他，因為他比你努力。」

電影《功夫》裡的天下第一殺手，火雲邪神說過：「天下武功，無堅不破，唯快不破。」所謂「千拳歸一路，打人只一著」，任何功夫拳法到頭來，就是「快打慢，慢打遲，拳打人不知。」把「效率至上」發揮到最高境界，就是做到「唯快不破」。

核心固著

核心能力，並不必然永遠對企業的成長與創新有加分作

用，因為核心能力也可能變成核心固著、包袱，也就是所謂的「福兮禍所伏」。源自演化生物學的「孔雀效應」，就能說明為何禍害有可能常會隱藏在福印之中。

　　數百年來，雄孔雀的尾巴愈來愈華麗，因為雌孔雀喜歡大尾巴的雄孔雀。華麗的尾巴代表身體強健，因此有更多交配機會，也因此能將這基因傳給後代，第二代雄孔雀的尾巴因此就變的更大、更炫麗。

　　但經過許多世代之後，擁有華麗尾巴的代價變得非常昂貴，除了生長及維持都很耗費營養外，過大的尾巴也會影響行動速度，因此比較容易遭受天敵獵殺。所以，儘管雄孔雀的尾巴日益變大，孔雀的數量卻是不斷減少。

　　同樣的孔雀效應現象也是導致大角麋鹿絕種的原因。因為雄麋鹿的角要很大，才可以吸引到雌麋鹿，但當牠們演化出過大的鹿角，結果卻經常卡在樹林裡跑不動，就很容易被獵物捕捉，麋鹿的數量自然就會減少[10]。

　　孔雀與麋鹿的例子說明，你也許擁有一些強項，但並不見得有利於生存。老子說：「物壯則老。」意思是說：當核心能力發展到極致時，有可能反而會受制於它，使得公司的發展面臨困境。

插翅難飛

　　在希臘神話裡，克里特島的國王米諾斯（King Minos）命令著名的藝術工匠代達羅斯（Daedalus）建造一座地下迷

宮，但後來國王米諾斯因不信任而囚禁了代達羅斯跟他的兒子伊卡洛斯（Icarus）。代達羅斯設法用蜂蠟與羽毛製作翅膀，好讓他們父子倆能藉著飛行脫困。代達羅斯提醒兒子，不能太靠近太陽，以免蠟會融化。

伊卡洛斯有了新翅膀非常興奮，忘記了父親的警告，結果因愈飛愈高，陽光融化了他那用蜂蠟做成的翅膀，伊卡洛斯因而跌落到大海淹死。

伊卡洛斯的寓言告訴我們，你所倚賴的武器，就像那一對蜂蠟與羽毛作成的翅膀，有可能會導致你的滅亡，換句話說，你的強項可能變成罩門，甚至導致滅亡。

歌蘭帝（Grundig）曾是一家知名的德國家電廠商，品質是它的強項，電視機用了十年、二十年都不會壞，導致它漸漸忽略創新的重要，相對也抑制了消費者換機的需求。台灣的蘭花育種技術獨步全球，但研發一年內都不會凋謝的蘭花，肯定不是好事，因為一年內消費者都不會再上門。品質的極致，也可能成為是「物壯則老」的徵兆。

品質也應講究策略，就像現今的智慧型手機，好的品質應該足夠用個三、四年，就像日本的白一（Shiroichi）生淇淋，會在半小時左右融化。放在室溫下二、三個小時都不會融化的霜淇淋，或使用很久都不會壞的手機，就像是供奉在廟堂裡的長明燈，只可遠觀不可褻玩，而這鐵定得不到求新求變消費族群的青睞。

寶麗萊、柯達

寶麗萊（Polaroid）的拍立得，以及柯達（Kodak）的相機底片，都是長處變成包袱的著名案例。這些企業在面對產業轉型與變革過程中的處境與心態，有如李清照《〈金石錄〉後序》所描寫的，「聞金寇犯京師，四顧茫然，盈箱溢篋，且戀戀，且悵悵，知其必不為己物矣。」

1937年，寶麗萊由埃德溫・蘭德（Edwin Land）創建。蘭德是個發明天才，一生擁有超過五百項專利。1948年，寶麗萊推出第一台拍立得相機，隨後並持續不斷深耕立即顯像等相關技術，取得市場領導地位。在1948到1978年間，寶麗萊以每年平均增加銷售額23%的速度，穩定成長。

在這段時間，蘭德是一位強勢的領導者，他不相信行銷研究，認為好的技術與產品自然就會有市場。蘭德並堅持所謂的侵略性定價營運模式，也就是對相機採取低廉的定價策略，刺激市場接受，隨後消費者就會對底片產生需求，因此便可制定較高的底片價格。蘭德的定價策略非常成功，因此使得蘭德的經營理念深入公司文化，員工更加不重視市場聲音，而且一致相信寶麗萊無法從相機賺錢，只能從底片獲利。

1980年代，數位技術崛起，寶麗萊延續自己在照相技術方面的卓越能力，大規模投資研發數位影像技術。然而，因為寶麗萊始終認為數位相機也需要即時的影像輸出，因此策

略上仍著重在立即顯像照片的發展。而且因為拍立得底片仍可帶來高達70%的毛利，所以整體營運方向上仍以拍立得為主，數位產品為輔。

然而，從1980年代起，寶麗萊的營收開始呈現停滯與衰退，顯示該公司的策略有問題。雖然寶麗萊在1992年開發出數位相機的雛形，但因公司內部高層管理團隊對即拍即有與攝影品質的堅持，以及認為公司應繼續侵略性定價營運模式，因此阻礙了新產品開發專案的進行。

經歷一場組織亂流，直到四年後，寶麗萊才在市場推出自己的百萬畫素數位相機，但為時已晚，這時市場上已出現超過四十幾個不同品牌的競爭者。加上，寶麗萊長久耕耘的沃爾瑪（Walmart）與凱瑪（Kmart）行銷通路，根本無法應用到數位相機市場，寶麗萊的高層經理人也未能認知這樣的通路差異。

原本寶麗萊推廣拍立得相機，所發展出來的核心能力與經營模式，在數位時代裡，變成核心衝突與文化包袱。2001年10月12日，經營達64年之久的寶麗萊，向法院申請破產保護，負債高達10億美元。

柯達的命運跟寶麗萊非常類似。1976年，柯達占有美國90%底片以及85%相機銷售，90年代，柯達更常列名世界五大最有價值的品牌。然而，因為數位時代的崛起，柯達在2011年股價下跌近90%，直到2012年1月19日，柯達不得不聲請破產保護。

　　雖然說失敗為成功之母，但同樣的，過去的成功也可能會埋下今日失敗的種子。迪吉多（DEC）在迷你電腦上的成功，形塑了工程品質與精良技術的核心價值，而此導致它無法成功進入個人電腦的競爭。德州儀器（TI）的低成本優勢，在1980年代，轉變為阻礙該公司進入電腦記憶體事業的根源。康百克（Compaq）在經銷商通路上的行銷優勢，一度造成其在網路時代競爭的行銷劣勢。

　　獨特的公司文化與資源基礎，是競爭優勢的重要來源。但在快速變化的經營環境裡，這些優勢可能很快變成劣勢。正所謂「生於憂患，死於安樂」，國家如此，企業亦然。

從代工到品牌

　　我舉一個台灣產業的真實案例，說明為何企業要轉換原來的商業模式或工作實務，有時是很困難的。

　　2009年，一家LED廠商，原本從事代工生產。代工廠的運作方式就是，根據客戶的訂單來進行採購，進多少料，就生產多少，也就能賣出多少。

　　有一天，總經理突然決定要發展自有品牌。品牌產品的銷售得靠市場預測，而非確定的代工訂單。因為總經理對市場有非常樂觀的預測，就進了高達10億台幣的料，董事會以及公司財務、審計部門沒有察覺這些採購會有問題，因為以往的經驗告訴他們，進得愈多，就會賺得愈多。

　　後來，這些生產出來的成品絕大部分都成了庫存。對總

經理而言，則還是進得愈多，賺得愈多；因為買得愈多，回扣也就愈多。這個採購舞弊之所以發生，就是因為傳統的思維，阻礙了公司的成長與變革的管理。

成功？失敗？一念之差

就像寶麗萊與柯達，許多曾經呼風喚雨、不可一世的大企業，都會因為對過去的成功與商業模式不曾感到絲毫的懷疑，而導致後來的失敗。

從成功到失敗，往往只在一步之間。這就像《易經》的第11卦是泰卦，而第12卦就是否卦。從11卦到12卦，由泰變否，是很容易的，但是由否入泰，就很難了。只有否極才會泰來，絕處才能夠逢生。

事實上，即便是曾經很成功的知名企業，要能長久存活的機率並不高。一般而言，大企業的平均壽命只有人類的一半左右，1990年道瓊（Dow Jones）所收錄的12家國際大企業中，目前僅存的只剩下奇異公司。

美國管理學者吉姆・柯林斯（Jim Collins），以1995年在日本所出版的《基業長青》（*Built to Last*）[11] 一書中所介紹的企業索尼為例，說明為何企業成功很難長久。柯林斯將成功企業必然衰敗的過程整理成五個階段：第一階段：由成功所衍生出來的傲慢。第二階段：沒有章法的擴張路線。第三階段：否認風險與問題。第四階段：追求一夜翻身的逆轉對策。第五階段：成為屈服於現實的平凡企業或從此消滅。

而綜觀索尼的企業發展歷史，似乎正循著這五個階段一路走過來 12。柯林斯的研究剛好可以跟《孟子‧離婁下》：「君子之澤，五世而斬。」的說法做個有趣的對應。

首先，成功帶來傲慢。索尼在1979年推出隨身聽，1989年推出掌中型攝影機「Handycam」，這兩項成功的產品，使得索尼認為自己無所不能，這也促使它從1980年代後期開始，向其他不熟悉的產業伸出觸角。

《尚書‧大禹謨》：「滿招損，謙受益，時乃天道。」就像電影《英雄》裡，武功最高的俠士不是長空（甄子丹飾）、如月（章子怡飾），也不是飛雪（張曼玉飾）、殘劍（梁朝偉飾），而是練就「十步一殺」絕技的「無名」（李連杰飾），因為「人若無名，便可專心練劍」。出了名的索尼，從此不再專心練劍，只想征服世界。

索尼沒有章法的擴張路線，最具象徵的就是1989年收購美國哥倫比亞電影公司（Columbia Pictures），結果因為不善於電影經營，反而傷害了本業。而當公司財務數字開始表現不佳時，高層只是訴諸企業瘦身與裁員，幾乎忽視風險問題的存在。即便公司換了新的社長，也只想追求一夜翻身的逆轉勝對策，到如今，似乎已然處於追隨者的姿態，無法再度創造趨勢。

大企業的創新障礙

就像索尼、柯達這些身陷泥沼的公司，如果我們回顧

企業發展史，那些曾被眾人認為是業界的模範生，在十年、二十年之後，就會發現它們大多變成平庸企業，甚至變成業界最落後的公司。

　　大企業不容易有突破式創新的重要原因之一，就是在公司原有的商業模式影響下，新創意不太容易被接受。當創意被要求符合原本的商業模式，而非符合市場商機的需求時，公司就失去創新的動力

　　創新者所想出的新點子，從來都不會是構思縝密的商業計畫，那些點子多半是不夠成熟的。可是創新在沒有投資的情況下，就無法繼續發展。所以他們必須寫計畫書，然後靜靜地等待長官批核。這時公司的各部門高層都會提供建議，告訴你，市場不是你想像的那樣，告訴你要如何修改。但當計畫書被改得符合每個人的期望時，它反而失去了原有的創新，而變成只是另一個「me too」的產品。換句話說，創新失敗的問題往往不在於缺乏創造力，而在於僵化的層級結構會讓創新胎死腹中。

破壞式創新

　　哈佛大學商學院教授，克雷頓・克里斯汀生（Clayton Christensen）的創新理論，對大企業常遇到的「老幹長不出新枝」問題，有很權威的解釋。

　　克里斯汀生提出，創新模式可以分為「維持式創新」（sustaining innovation）與「破壞式創新」（disruptive innovation）$_{13}$。維持性創新，是指在現有產業重視的層面中，明顯較佳地改善事物；舉例來說，用於桌上型電腦的硬式磁碟機的儲存密度，講究容量要大，於是就愈做愈大。而破壞式創新，則是提供新的價值層面給現有的產業，例如筆記型電腦的硬碟比較小，重視輕便、節能，硬碟容量自然也比較少。當筆電的小硬碟愈做愈好，達到約略可以滿足原有使用桌機的消費者需求時，功能好到遠遠超過消費者基本需求的大硬碟就有可能被捨棄。

　　照相功能應用在智慧型手機上，也是一種破壞式創新。雖然手機的照相功能，遠不如一般的專業數位相機，但對一般消費者而言，現有智慧手機的照相功能，已經能滿足他們的需求。事實上，即便是最挑剔的人，例如攝影專家，用智慧型手機也能拍出他所要的畫面。2012年11月初，《時代週刊》（*TIME*）就第一次使用手機相片，報導颶風桑迪接近美國東海岸時的情景。因此漸漸地，專業的、技術更好的數位相機，就有可能被智慧手機取代掉＊。

＊　一如其他理論，破壞式創新也有應用的限制。例如，在大陸的車用電子零組件的售後市場，大陸當地廠商以低價、低品質的產品（如車用二極體、抬頭顯示器）占有絕大部分的市場，但由此所累積的經驗日後仍很難切入大陸當地的新車市場（至少短期看起來），這除了由於汽車產業是一個相對保守的產業外（汽車電子元件有少樣多量、規格化、獨家銷售合作限制的特性，且常必須經過數年的研發與測試驗證，這與一般3C產品有很大不同），也由於大陸的汽車市場，雖有許多低價車，但仍然是以組裝全世界的既有為主流廠商的零組件為主。

全友電腦

全友電腦（Microtek）是台灣新竹科學園區第一家企業，1984年推出第一台掃描器，其後歷經產業萎縮已慢慢退出掃描機市場，為少數台灣碩果僅存的掃描器公司。

2011年，有一位在全友電腦工作的EMBA學生，告訴我，他的碩士論文想研究醫療產業，對此我感到好奇便問：「你不是在全友電腦上班，做掃描器的，為什麼想研究醫療產業？」他告訴我，最近他們公司賣的掃描器發覺有醫療上的需求，所以他想探討這個領域。

原來，全友在2009年的一次公司例行業務會報，發現旗下產品線中，有一款A3 Scanner機型賣得很好，這一款機型解析度4.0，售價1,000美元，屬於中低階款型，品質不算最好卻特別熱賣，經進一步了解後發現，有不少醫療單位添購做為掃描X光片。現代的醫院已經開始進行數位醫療檔案保存，病人照完X光片後，醫院便掃描成為數位檔，可以即時傳送給醫生。事實上，國外也有專門在做X光機數位化的公司，他們的產品解析度8.0的機型要價8,000美元。對醫療單位來說，全友4.0掃描器即可滿足需求，價格相對便宜許多。

全友後來將A3 Scanner這款機型解析度微調升為4.2，售價也提高3,000美元，更在公司產品線中新闢醫療用X光片數位儀這條線。他們發現原來自己是有這個市場，只要稍微調整一下，整個市場就打開了，這就是一種「破壞式創新」。

一年之後，我又碰到這位學生，他告訴我：「老師，我們公司最近醫療用掃描器賣得很好。現在甚至賣給大陸的醫療院所，大陸有很多鄉村地區還沒有進行數位化，仍然用傳統的X光機做照相與檢測，非常不利於跨院流通。所以很多大陸鄉村的醫療院所就買我們公司的設備。」

產業管理

從破壞式創新的觀點，來解釋台灣產業政策的規劃與制定，就能了解台灣現階段也面臨著「創新者的兩難」。

台灣官方的傳統思維，都希望選擇一些明星產業進行大手筆的投資，而這往往缺乏未來性，無法達到破壞式創新。例如，經濟部是政府握有最大資源的單位，但是經濟部推動的政策大部分都屬於製造業思維，不太懂像生技這類研發業的概念。製造業的思維就是確認明星產業後進行大投資，錢砸進去後，就能馬上創造營收，提升就業率。如先前的「兩兆雙星」政策，藉由大筆投資採買大量設備，衝高出口金額，提供大量就業機會，效果是相當即時的。

然而，就長遠來看，這缺乏未來性。換句話說，這樣的產業政策有點類似維持性的創新，因為在現有的資源分配流程與制度影響下，政府會比較偏好追求具有即時性、立竿見影的政策。如何引領資源投資破壞式創新，是現階段台灣面臨的一個重要課題。

能如嬰兒乎

知名男高音帕華洛帝（Luciano Pavarotti），年輕時開始在世界各地巡迴演出。有天晚上表演後，感到特別疲憊，早早回飯店睡覺。但是隔壁房間卻傳來嬰兒大哭聲，吵得他無法入眠。他本來還想，沒關係，小孩哭一下就過了，也不在意。沒想到，這嬰兒哭個不停，還愈哭愈大聲。這時帕華洛帝忽然眼睛一亮，靈光一閃：為什麼他唱歌一、二個小時就覺得累，但小嬰兒卻能一直「氣發丹田，聲如洪鐘」？[14]

嬰兒是剛出生沒多久的「純氧之體」，沒有受到任何汙染，所以能夠放鬆、盡情地哭，不會有太大的束縛。反之，一直忙著巡迴演唱的帕華洛帝，愈來愈受到俗事影響，身體也就愈來愈僵化，自然容易感到疲倦、力不從心。

人如此，企業也一樣，所謂「初生之犢不畏虎」，新創事業是最陽剛、最有朝氣的，但隨著時間久了，就背負各式各樣的包袱。雖然年輕不保證一定創新，但隨著歲月增加，經驗累積，這肯定會影響創新能力。

電影《空降危機》（Skyfall）中，年輕人走向007說：「我是新任的軍需官。」007回答：「少開玩笑了！」年輕人說：「這跟外型無關。」007緊接著說：「是跟能力有關。」年輕人回答：「年紀不保證效率。」007說：「年輕不保證創新。」

就像百年企業也可創造現代傳奇，中年大叔也有青春

魂，就像是南韓胖大叔PSY（朴載相）跳出創新的騎馬舞。但要讓老年的身體，擁有青春的靈魂，就要能做到老子所說的：「專氣致柔，能嬰兒乎。」

易筋五式

金庸武俠小說裡最強的內功之一：易筋經，能夠轉移筋脈，洗髓強體，化去內息異氣。《天龍八部》裡的游坦之靠此內功，起死回生，短短一年，就打退丁春秋，擠身高手行列。《笑傲江湖》的令狐沖靠此內功心法，治癒多年的內傷。

因此，我把協助老態企業脫胎換骨、復歸於嬰兒、發展破壞式或革命性產品的作法，稱為「易筋五式」，包括：（一）換位思考；（二）自己破壞自己；（三）創造新部門；（四）分出新公司；（五）購併新組織。

首先，換位思考。大企業因受限於既有商業模式的迷思，而阻礙發展破壞式創新的機會。為了克服這問題，可以運用對手的角度，來看清自身的障礙與盲點。

例如，中華電信可以將高階主管分成四組，分別扮演台灣大、遠傳、亞太、台灣之星，從對手的角度出發，思考中華電信的缺點，並且各自擬出攻擊中華電信的策略。這樣就能刺激中華電信更加誠實、也比較自在地面對自己的問題，確認變革的需要。

了解自己的問題之後，就要採取具體的作法，回應顧客

的需求與創新的挑戰。基本作法之一是：自行發展破壞式產品，來取代自己的產品，或是阻絕對手的侵襲。例如，英特爾（Intel）自行瞄準市場的最低層，推出低價的賽揚處理器（Celeron）。華航與新加坡的欣豐虎航（Tigerair）合資成立「台灣虎航」，進入廉價航空市場，也是自己破壞自己的作法。

　　企業也可選擇在內部創造新的組織結構，進而創造新能力。例如，雷射印表機曾是惠普的主流事業。為了發展噴墨式印表機，惠普將其轉移到加拿大溫哥華的另一個部門，好讓管理階層可以接受較低的營利和較小的市場，以及較低的產品效能標準。

　　另一個作法是，從現有公司體制中，創造一個全新獨立的組織，並在其中發展新能力和價值觀。例如，總部設在紐約的IBM，為了發展個人電腦，在佛羅里達成立獨立的事業，從事研發工作。

　　企業也可以根據自身需求，收購擁有從事新任務所需新能力的組織。例如，專長平面卡通的迪士尼（Disney）就併購皮克斯（Pixar），發展電腦動畫新能力。富士軟片（Fujifilm）購併新組織發展新能力的案例，在現代企業變革史上，更具有代表性。[15]

日本富士

　　日本富士，是傳統的相機大廠，但沒有像競爭對手柯達

一樣殞落在數位革命當中，反而還持續欣欣向榮。富士一度
也面臨危機。2000年，古森重隆就任富士CEO後，利用過去
蓄積的資金，購併許多公司，並思考轉型之路，這其中，化
妝品事業是最重要的成果之一。富士軟片能成功進入化妝品
事業，是因為它過去曾長久研究動物膠質，知道在膠質裡加
入何種化學成分，就能發出強烈光彩，這就是人們追求要讓
肌膚散發明亮光澤的「膠原蛋白」處方。因為購併，讓富士
的傳統技術，找到另一個可以發揮的出口，並繼續發展新的
創新能力[16]。

中國聯通

　　2014年7月，我因研究所需，飛了一趟西安，拜訪中國
聯通陝西分公司總經理謝國慶。謝總雖然排開行程接待我，
但我看得出來他非常忙碌，因為他已連續召開好幾天的工作
會議，除了討論預算分配、人員培訓等日常工作外，也必須
解決眼前的成長困境。

　　其實，中國電信運營商已經進入紅海競爭，中國移動、
中國聯通、中國電信三大業者普遍性的作法為：在既有的手
機用戶裡，彼此搶奪市場占有率。員工也都認為，快速地加
強行銷，而非發展曠日廢時的創新、加值服務，是達成營運
目標最好的方式。因此中國電信業的行銷費用通常高達二到
三成。

　　然而，面對新的4G時代，單靠各類促銷以及打折優惠

來搶奪用戶，對於投資回收幫助不大，覆蓋、資費、終端和使用者體驗都是必須走過的一道道關卡，特別是加強產品創新，運用加值服務，以提升「每戶貢獻度」（average revenue per user, ARPU）更是關鍵所在，但這卻不是目前公司內部普遍重視的。

面對日趨飽和的國內市場，以及4G投資深不見底、新的獲利商業模式不明朗，謝總經理與他的高管團隊簡直傷透了腦筋。

當謝總跟我提到他的問題時，我以能力創新的基本分析架構為基礎，提出幾點策略建議：

第一：新通信時代，需要新的獲利模式。數位匯流的趨勢讓影視、通訊、數據合而為一，除了讓電信運營商面對微信、微博等不同的競爭對手，也必須面對語音營收、固網收入逐漸下滑的問題。從國外經驗得知，從3G到4G，應可以讓電信業者從使用者身上賺到更多利潤；例如：美國威訊通信（Verizon）在2014年第一季ARPU比去年同期成長6.9%，韓國鮮京電信（SK）在2014年第一季ARPU比去年同期成長4.4%，靠的都是提高資料收入，例如，加值服務、多媒體數位內容營收。因此思考如何提升ARPU，是正確且關鍵的策略目標。

第二：中國聯通面對的問題，是典型的破壞式創新案例。現有的「砸錢行銷，搶奪客戶」是維持性創新，「發展新產品，新服務」則可理解為破壞式創新，像中國聯通這樣

的大公司，要推行破壞式創新本來就不是一件容易的事。

　　第三：實踐「易筋五式」，來改變中國聯通現有的僵局。我以局外人來看中國聯通，這是起手式「換位思考」。第二式「自己破壞自己」，以及第五式「購併新組織」，目前看起來並不適用。但是其他兩式「創造新部門」、「分出新公司」，都是中國聯通可以考慮採行的。例如，可以在陝西省西安之外的其他市鎮，透過創造新部門，或是成立新分公司，來推廣新產品、新服務。因為不在大都市，比較能夠接受較低的獲利或是市占率，特別是陝西省偏處內地，城市化程度不高，更可以從廣大的基層消費者發展具有潛力的破壞式創新。換句話說，這是一種「鄉村包圍城市」的策略，而因為陝西省的地理位置因素所在，會讓這個策略施行起來更為容易，也較易成功。

固本培元，專氣致柔

　　本章所談的能力創新可以「固本培元，專氣致柔」，八個字來總結。「固本培元」，強調的是從固守企業的根本，來發展與培養創新的事業。而這也必須輔以「專氣致柔」，使原本有些僵化的事業功能與組織流程，能「復歸於嬰兒」，回到最原始的創業衝勁，以避免落入傳統商業模式的窠臼。

　　就像富士軟片的變革一樣，固本培元，專氣致柔，也可以交互搭配。富士所發展的化妝品事業，就是在「專氣致

柔」的指導下，經由購併發展新創事業，而這新事業真正發光發亮，就是能跟富士原本的核心技術相結合，發揮「固本培元」的效果。能力創新，既要「能新」，也求「能久」。

第 2 章

定位

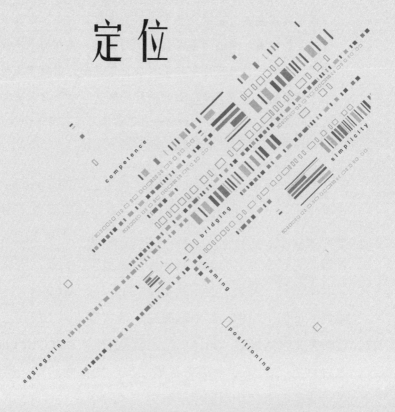

Pi：「兩個故事你喜歡哪一個？」

作家：「我喜歡有老虎那個。」

Pi：「所以，上帝也是這個道理。」

——《少年Pi的奇幻漂流》（*Life of Pi*）

相對前一章從核心能力的觀點討論創新，本章從對立角度：外部定位，來討論處在競爭叢林的企業如何成為創新贏家。

本章從產業五力架構出發，分析策略定位內涵，以及差異化所代表的意義。依循「差異為王」的論述，再介紹「多樣化」所能發揮的更強大威力。接著討論企業應如何因應環境變化，尋求新定位。最後，介紹創新系統的概念，以及企業要如何有效利用創新系統的功能，創造出自己最佳的產品與服務組合。

航空業是個競爭激烈的行業，每家公司的產品與服務看起來差別不大，在經歷911事件後，更是淒風蕭蕭、慘不忍睹。2012年，我到聯合航空（United Airlines）舊金山總部，就親眼看到空蕩蕩的維修廠房。在航空業創新雖然困難，但並非不可行。例如，西南航空（Southwest Airlines），提供密集的低價、短程、點對點服務，讓乘客可以用搭巴士的價格與方式來搭飛機。2015年起，達美航空（Delta Air Lines）改以乘客花的機票金額來累積哩程，因為商務艙的票價較高，達美的新作法預期可以吸引更多商務客，而商務客正是航空公司的主要獲利來源。

西南航空與達美航空的作法就是定位創新，重點都是想辦法突破產業限制，要在紅海裡尋找藍天與白地。獨特性的市場定位與差異化的產品或服務訴求，是定位創新的主要核心所在。

本章所要介紹的定位創新，與前一章所介紹的能力創

新，剛好屬於策略天秤的兩端，很多觀點都是對立的，但我們對這兩個創新門派的了解與學習，應該就像是老頑童周伯通的左右互搏一樣，要能從矛盾與對立中，掌握彼此互補的精神。

左右互搏這項功夫，就是雙手互相打架，每招每式就是你打過來，我再回擊打過去，來來回回的結果，就形成一人化二的奇法分進合擊之術。

使出雙手互搏的重點在於要能分心二用，左手畫方，右手畫圓，一神守內、一神遊外，企業也是如此，在奉行「固本培元，專氣致柔」的過程中，也應該要知道能力創新的基本假設與應用限制，然後能夠適時地輔以行之有效的差異化市場定位，建立自己的競爭優勢。同時也要能以核心能力的觀點，不斷對市場區隔與產品定位進行反思、檢討、修正，形成近似於「正、反、合」的辯證應用過程，也就是在對立中追求統一。

孟子曰：「入則無法家拂士，出則無敵國外患者，國恆亡。」組織核心能力和外部競爭情況，都是決定企業能否永續成長的重要關鍵。能夠結合兩者的觀點，發揮左右互搏的精神，「左手打能力劍，右手使定位拳」，合掌為一「勝之形」＊，必能展現堅強戰力，克敵制勝的效果。

＊　取自《孫子‧虛實》：「人皆知我所以勝之形，而莫知吾所以制勝之形。」

五力與定位

　　定位創新的起點是針對產業與競爭者的外部分析，最有名的參考工具就是哈佛大學教授麥可‧波特（Michael E. Porter）所提出的「五力分析架構」。五種影響產業的力量分別是：潛在進入者的威脅、供應商的議價能力、消費者的議價能力、現有競爭者的威脅、替代品的威脅。波特認為，經理人通常把競爭看得太過狹隘，事實上，企業除了會跟提供類似產品服務的對手有直接競爭以外，還會與更廣泛的對象競爭獲利，例如，顧客與供應商都有議價的能力、新進入者可能瓜分市場、替代商品或服務也可能會限制獲利和成長空間。五力分析因此可以幫助經理人，更全面地看到產業整體狀況，並了解影響獲利的競爭與結構因素。

擇人任勢

　　如果五項競爭力量很強烈，產業裡幾乎每一家公司的投資報酬率都不會太理想。如果五項作用力相對溫和，那麼許多公司都較有賺錢機會。五力分析因此相當程度決定產業的「勢」，也就是「大環境」好不好。了解行業的「先天」吸引力大小，可以協助廠商選擇戰場。

　　2001年，現為臉書（Facebook）營運總監的雪柔‧桑德伯格（Sheryl Sandberg）來到矽谷求職，其中一個工作機會是擔任谷歌首位業務經理，因為當時谷歌的商業模式還不

清楚，幾乎沒有業務收入，所以她不是很認真考慮。然而，當時擔任谷歌執行長史密特告訴桑德伯格：「放聰明點。」「登上太空梭吧！當企業迅速成長，擁有很大的影響力時，生涯規劃自然會發展；當企業無法迅速成長，或它們的角色變得不那麼重要時，景氣就會停滯，職場關係開始介入。如果太空梭提供妳一個座位，別問是哪個座位，只要坐上去就是了。」*

　　換句話說，找工作的第一要訣就是要選對行業。就像《孫子兵法》裡所說的：「故善戰者，求之於勢，不責於人，故能擇人而任勢。任勢者，其戰人也，如轉木石。木石之性；安則靜，危則動，方則止，圓則行。故善戰人之勢，如轉圓石於千仞之山者，勢也。」對於處在一個有高吸引力產業的企業或個人而言，情況就像小米手機創辦人雷軍所說的：「站在颱風口，豬也能飛起來。」

　　如果行業選擇正確，產品又有特色，那要不發財也難。就像每次我去香港都會光顧的店家：發記甜品。台灣有句俗話：「第一賣冰，第二當醫生。」發記的產品就是有高吸引力的冰品，而發記的產品也很有特色，招牌楊枝甘露裡有大片柚子，新鮮芒果，柚子的微酸帶苦，中和了芒果的甜味，非常美味、消暑。

---

* 取自雪柔・桑德伯格2012年為哈佛商學院畢業生的演講（請見：https://www.youtube.com/watch?v=1qLy045yX7E）。

　　所以定位創新的標竿企業就應像香港的發記甜品，或是像台北永康街冰館的芒果冰、台中幸發亭的蜜豆冰、新竹阿忠冰店的鳳梨糖水、嘉義安可綿綿冰等，這些都是產業有吸引力、產品又具好名聲的績優藍籌股。

策略定位

　　雖說五種競爭力量決定產業是否具有吸引力，但這並不否定人為的改變力量，公司仍可藉由獨特的策略定位來改變產業五力的影響與威脅，藉此提升企業本身的競爭優勢與獲利能力。可能的策略定位有：以不同的方式執行與競爭者類似的活動。以飯店為例，可以改成自助方式辦理入住、用手機代替房卡；另一種策略可推出與競爭者有差異化的產品與服務，譬如推出能節省擺放空間的方形與金字塔型利樂包包裝；或是提供各種接觸消費者的銷售管道，例如：銀行提供到府開戶、百貨公司針對VIP客戶舉辦特別活動等等。

　　2000年代初期，PDA市場快速崛起，吸引許多廠商加入競爭，但經過幾年後，手機市場興起，PDA旋即面臨邊緣化命運，許多廠商，包括索尼，紛紛選擇退出PDA市場。這時，神達電腦簡單化原有PDA的複雜功能，推出擁有衛星導航功能的Mio PDA，將原有「可以隨時移動的個人記事功能」，轉而為「可以隨時移動的道路指引功能」。神達的差異化策略，不只在原有競爭者中勝出，並另外開闢一個更大、更新的市場。

定位創新雖從產業競爭分析開始，但不完全局限於產業結構的鐵籠中。就像電影《刺激1995》（*The Shawshank Redemption*）裡說的：「有些鳥兒是關不住的，因為牠們的羽翼太閃亮了。」（Some birds aren't meant to be caged. Their feathers are just too bright.）。

當你對產業與產品的定義與範疇，仍停留在原有的格局時，就陷入競爭的束縛、框架的限制。定位創新，就是要能夠發揮創意、想像力，改變產業五力，找到新的出口。

差異為王

策略定位就是要尋求與競爭者在不同的地位上競爭，也就是做到差異化。我們可以從自然界的運作法則，來看差異化策略的重要性與所代表的意義。

1934年，俄國生物學家高斯（Georgii Frantsevich Gause）做了個有趣的草履蟲實驗，他在A試管中，將同屬同種的大草履蟲和雙小核草履蟲放在一起混合培養，雖然初期兩種草履蟲都有增長，但最後雙小核草履蟲卻排擠了大草履蟲的生存，因而獨自勝出。相對的，他在對照組B試管中，把同屬但不同種的雙小核草履蟲和袋狀草履蟲放在一起培養，卻形成共存的結局。換句話說，如果想活得長久，就是要跟別人不太一樣。

2012年奧斯卡金像獎最佳影片《大藝術家》（*The Artist*）裡，有一幕描寫當紅黑白默片巨星喬治‧華倫汀告訴

剛出道的小演員柏比‧米拉說：「如果妳想當女主角，必須與眾不同。」（If you want to be an actress, you need to have something the others don't.）接著，喬治幫柏比在臉上點了一顆痣，從此，多了一顆美人痣的柏比果然星途扶搖直上，演員表的位置從最底層一路攀升到主、配角。一顆痣讓柏比跟眾多的小演員有所不同，讓觀眾比較容易注意到她的存在。

攻其一點，擴及其餘

雖然說好的差異化，同時對五力都可能造成影響，但有時也可能主要是透過影響其中一種產業力量，進而達到擴散與全面的削弱效果；也就是「攻其一點，擴及其餘」。以下舉例加以說明。

研發罕用藥（孤兒藥）的知名藥廠健臻（Genzyme），不像其他傳統藥廠致力於開發「暢銷藥物」，而是全心專注在數千種嚴重疾病患者的罕用藥上。像健臻這樣的利基型公司，其他大藥廠並不會去跟它競爭，因此能夠有效降低產業內的競爭強度，加上政府會提供保護，給予更長專利期的優惠，因此能夠擴大獲利空間。

健臻的策略是找一個利基，開發自己的白地市場，避開五力之一的「現有競爭者的威脅」。同樣是尋求降低行業內的競爭強度，網路家庭（PChome）線上購物採取的是另一種方法。

網路家庭的B2C，經營得非常成功，市場占有率遠遠

高過另一個同行雅虎。後來，雅虎轉而成立奇摩拍賣，投入C2C市場，進而成為領導品牌。網路家庭原本沒打算經營C2C，但因為擔心雅虎帶著C2C的成功，轉而反攻B2C市場，因此也成立露天拍賣，想辦法在C2C市場，咬住雅虎，讓它分身乏術。

　　網路家庭推出「圍魏救趙」策略，也見於當年微軟（Microsoft）投入遊戲機產業，推出XBOX，就是為了牽制索尼的Playstation，怕它有餘力，占據了家庭客廳或是娛樂中心，進而威脅微軟作業系統的地位。

Swatch

　　瑞士機械錶產業一直居世界領先地位。1970年代，電子錶與石英錶技術超群，主要競爭者來自日本與美國廠商，隨著半導體晶片價格下降，與電池蓄電量的改善，瑞士的鐘錶工業受到重創並陷入困境。由於瑞士鐘錶工業是由許多中小企業組成，規模比較小，面對新技術崛起時也無力進行大規模投資。加上製造機械錶過程中所在意的手工精細度，在自動化過程中無法發揮作用，且傳統機械錶的行銷通路是珠寶店，以賺取後續服務的維修費用為營運模式，因此大力反對壞了即丟的機械錶或石英錶的發展。整個瑞士鐘錶工業的產業結構與網絡，雖然成就了早期機械錶的世界領先地位，卻也桎梏了瑞士鐘錶工業的轉型。

　　歷經市場占有率衰退、工廠倒閉、工人遣散，以及出

口量驟減的低潮後，直到1980年代初期，人稱「鐘錶界拿破崙」的尼古拉斯·海耶克（Nicolas G. Hayek），促成瑞士鐘錶工業下最大的兩個企業集團——ASUAG與SSIH，合併為SMH，爾後更名為Swatch集團。

Swatch善用瑞士傳統的技術優勢，研發出最薄表殼的第一支石英塑膠錶，並賦予專屬的名稱與個性，將潮流元素加入手錶設計，而訴求成為消費者的第二隻錶，甚至第三隻或第四隻錶，就此打開全球銷量。現在，經過Swatch的重新定位後，手錶不再只是「手錶」，更是一種時髦、誘惑與個性的象徵。

海耶克領導的Swatch集團，將原有鐘錶具備的「個人配戴的計時功能」，轉而為「個人配戴的裝飾功能」，將鐘錶產業的範疇，擴充到流行行業，手錶因此也是首飾，有效地降低了產業內的競爭壓力，進而讓瑞士鐘錶業再現光芒。

愛情公寓

愛情公寓，是台灣最早的交友網站，與其他網站不同的是，一開始的訴求就是避開紅海，另尋藍海。一般的交友網站都會放一堆正妹照，來吸引男性網友，但愛情公寓則刻意不這麼做，因為男生與女生的行為大不同；女生比較重視感覺、環境氣氛，女性朋友會常相約去喝下午茶。愛情公寓就針對女性喜歡的這些元素，將種花、養狗、寫日記、扮家家酒等，放進使用者介面，並讓男性網友透過部落格的心情分

享，先認識女性網友的內心想法，才進一步交友。

愛情公寓的定位訴求就是設計一組與競爭者不同的活動組合，來滿足女性顧客的需求，因此能有效降低女性消費者的議價能力，進而擴散到影響其他產業的競爭力。

礁溪老爺

就像愛情公寓，服務業的定位創新，通常都是經由訴求顧客群的特殊需求來強調差異化。在這點上，訴求商務客群的市區飯店，與標榜休閒旅遊的觀光飯店就大不相同。例如，像凱悅、喜來登、希爾頓這些五星級的商務飯店，都強調方便性，快速退房、床鋪、健身房、商務中心也都是重點訴求。但標榜休閒的觀光飯店就很不同。休閒、觀光飯店就必須思索：如何讓客人留在飯店的時間愈長愈好。

有一次，礁溪老爺大酒店執行長沈方正來到清華大學演講，他說：「如果客人一住進礁溪老爺之後，就跑到外面去吃宜蘭名產，他們就不會知道我們礁溪老爺跟其他飯店有何差別。我們希望客人來了以後，儘量留在飯店內，感受我們不同的服務。」所以礁溪老爺就參考日本溫泉飯店的作法，推出一泊二食方案，希望客人留在飯店內用餐，這樣才有機會體會到飯店特殊的服務，有機會還會想再來享受休閒的放鬆感。

換句話說，礁溪老爺就是藉由特殊服務，滿足某些特定顧客的需求，進而做到差異化，因此能夠吸引客人再度光

臨，有效降低消費者的議價能力，甚至是新進入者、替代品，以及現有競爭者的威脅等等。

策略定位所強調的「差異為王」，重點就是要提供與眾不同的價值，不管是創造新需求，提升品牌價值，或是開發新供應來源，都是要能出奇制勝、對症下藥，以收破敵建功的效果，而這就不是只靠效率至上、或是物美價廉的策略就可以攻克達陣。

台塑創辦人王永慶，曾經跨足餐飲業，開起牛排館，並在現在的長庚球場上自己養牛，標榜便宜又好吃的「台塑牛排」，開幕後卻門可羅雀。因為牛排在當時是奢侈品，一般市井小民吃不起，有錢人因吃不出宴客排場，也不常到訪，最後只好關門大吉。王永慶也曾經成立「台麗服飾」，讓大家可以訂做便宜又好穿的西裝，市場同樣反應冷淡，也是下臺一鞠躬，關門收場。以物美價廉的「國產車策略」，駛入講究有派頭、差異化的服務業，終究是陷入泥沼，只能徒嘆孤臣無力可回天。

多樣化是快樂的泉源

雖說差異化是定位創新的主要訴求，但對公司而言，問題在於：誰來決定差異化？是組織本身還是市場、消費者？

話說，台鐵的排骨便當是非常有特色的產品，分別由七堵、台北、台中、高雄和花蓮等五個餐廳負責供應，各家餐廳的作法都有些不同，各有風味特色。2012年10月，台鐵想

知道哪個車站做的便當最好吃，是最佳的差異化產品，便舉
辦一場排骨便當PK大賽，最後由七堵餐廳勝出，台鐵原想要
統一全台各車站的便當口味，全交由七堵餐廳負責提供，不
過卻引起許多乘客反彈，大家認為應該讓大眾有更多選擇機
會，最後台鐵從善如流。

　　台鐵想決定「最佳」的差異化產品，但對消費者而言，
好不好吃見仁見智，所謂青菜蘿蔔、酸甜苦辣、深淺濃淡、
春夏秋冬，各有所好，甚至有時你口中的山珍海味，在他人
看來可能難以入口。2009年，台灣的豬血糕，被英國旅遊網
站「VirtualTourist.com」評選全球十大怪異食物之首，相信
大多數台灣人都不會認同。美食，實在沒有標準答案。所以
與其追求最佳化，多樣的差異化，可能更為重要。就像李清
照《如夢令》中的寫照，「知否？知否？應是綠肥紅瘦。」

　　同樣的概念，旺旺集團創辦人蔡衍明認為：台灣最好吃
的國民美食滷肉飯，就是基隆廟口的「天一香」。這也是見
仁見智，至少他旗下主跑美食的中時記者就不是很認同。我
則自信地認為，最好吃的滷肉飯就是：用我家裡的象印電子
鍋所煮出來的糙米飯，上面淋上一匙洪芋頭擔仔麵的罐裝肉
燥，搭配7-ELEVEn買的生菜沙拉，再配上一杯阿里山的高
山烏龍茶，就是一份無可匹敵的滷肉飯套餐。

　　《紐約客》（*The New Yorker*）雜誌撰稿人及暢銷作家
麥爾坎‧葛拉威爾（Malcolm Gladwell），在講述一位義大

利麵醬汁的發明人時，也介紹過類似的多樣化概念＊。葛拉威爾提到，以前的食品科學中，大家都極力找尋一個完美的好吃準則，但一個完美的準則或標準是不對的，正確應該是：許多完美的準則，這個發現也促使食品科學開始走向多元化，讓我們可以在超市看到許多不同味道的同類型食物。

　　葛拉威爾特別指出，因為有多樣化的選擇，我們才會感到快樂，這就像士林夜市如果只賣一種小吃，逛街就完全沒有樂趣了。每次到日本旅遊，中午時候，我都喜歡到各捷運或火車站逛賣便當的攤子，因為選擇性很多，總是讓人眼花撩亂，但我就覺得很滿足。就如葛拉威爾所說，多樣化是快樂的泉源。

　　我們也可以用電影《復仇者聯盟》，來說明差異化與多樣性的關係。《復仇者聯盟》裡的超級英雄，包括鋼鐵人、美國隊長、雷神索爾、浩克、黑寡婦與鷹眼等，都各有各的特異功能，也有各自的粉絲，這就可以看作是漫威動畫（Marvel Animation）的差異化成品。但與其看超級英雄在各自擔綱的電影中獨自發威，似乎都不如看《復仇者聯盟》來得過癮。不管是《復仇者聯盟》，或是《復仇者聯盟：奧創紀元》（*Avengers: Age of Ultron*），都能帶給影迷們「綠肥紅瘦」般的多樣化快樂，簡單說，就是一個「爽」字。這種感覺，很像在欣賞王羲之的《蘭亭序》。總共324字、有

＊　請見：http://www.ted.com/talks/malcolm_gladwell_on_spaghetti_sauce。

「天下第一行書」之稱的《蘭亭序》，所有重複的字都有不同的寫法，其中21個「之」字，更是各有各的韻味，真正達到「綠肥紅瘦」的最高境界。（請見P277圖2）

對廠商的管理實務而言，提供各式各樣的差異化產品，讓市場決定，讓消費者自己選擇，或許是最好的追求差異化策略的途徑。以蘋果推出的iPad mini為例，原本賈伯斯（Steve Jobs）堅持由他決定什麼是最好的、最具差異化的產品，他認為發展七吋的iPad是錯誤的方向。但他過世後，後續接手的人認為，還是應提供更多差異化的產品，讓消費者自行選擇，所以才有七吋iPad mini產品。蘋果在2014年推出的iPhone Plus，更凸顯出向市場靠攏的作法。對消費者而言，除了iPhone 6，更多了大尺寸的iPhone Plus可選擇，應該會比以前更快樂。

只推出一款廠商認為最好的產品，就像是來福槍策略，瞄準後準確射擊，多樣化作法會推出很多產品，就像是散彈槍策略，一次發射出很多子彈，總會有些擊中目標。

環境變化與新定位

策略定位因為強調外部導向，因此，必須因應環境的變化來進行調整，包括產業生命週期的變化，以及總體環境的變遷。

生命週期

生命週期是產業變遷的必然，幾乎所有的產業都會經過「萌芽」、「成長」、「成熟」、「衰退」這四個過程，就如在《易經》的乾卦、坤卦都有提到的四個字：「元亨利貞」，所描述的一樣。「元亨利貞」現在也許不太普遍，但在古時候是很通俗的用語。

「元」就是新的開始，「亨」是亨通，「利」就是要獲利，「貞」是正當的意思。「元亨利貞」就是一個循環的概念，元是初始，亨是成長，然後獲利、收割，再來貞就是要正當。當一個行業不再高速成長，最重要的就是不能投機，要堅持賺正當的錢，事業才會長久。2013到2014年，台灣頂新的黑心油事件就是最好的教訓。

產業發展也有類似的循環概念，不會因為產業的不同，而有不同的發展軌跡，或是永遠都處在快速成長的階段。就像荀子在《荀子・天論篇》開頭所說的：「天行有常，不為堯存，不為桀亡。」天的運作有常態，並不會因為堯舜施行仁政所以就有，也不會因為桀紂的暴行就沒有。雖說「天行有常」，但定位創新的核心就是要能「制天命而用之」，在不同的產業生命週期階段，藉由適當的定位，追求差異化，以降低產業五力的威脅。

定位變化：產業生命週期

在產業生命週期的初期，也就是「元」的階段，一個重要的策略定位選擇就是進入時機。進入時機早，會有許多好處，包括技術專有、技術領導、聲譽建立等，拍立得的立可拍相機、英特爾的微處理器都是很好的例子，但也可能有許多問題[2]。

例如，Kittyhawk是1992年惠普開發的硬碟，當時是全世界最小的硬碟，直徑只有1.3吋，整體大小比兩張郵票還小，容量20 Mega，獨特的結構使它從3尺高摔下來也不會壞。當時惠普總裁的襯衫口袋裡都會裝著這個硬碟，在每一次會議裡，都會秀給媒體與來賓看。

雖然惠普的硬碟技術很好，也很適合運用在PDA上，但是很多其他相關配合技術並不成熟，特別是手寫辨識軟體。因此，雖然PDA產業一度在1990初、中期有很好的發展，但僅是曇花一現。而定位為PDA關鍵零件的Kittyhawk硬碟也因為這個原因，而退出市場。進入時機太早，對惠普而言，是劣勢，而非優勢。

蘋果不是第一家生產 MP3 Player 的公司，不是第一家做平板電腦的公司，也不是第一家製作智慧型手機的公司，但卻總是能領導市場發展，成為最後贏家。除了蘋果以外，由後進者建立的市場優勢例子，還包括：索尼的8毫米攝影機勝過先行者柯達、蘋果與IBM的個人電腦優於MITS、昇陽

電腦與惠普的工作站贏過全錄。

　　在成長期，也就是「亨」的階段，這時期通常是百家爭鳴，產品種類及競爭者數量增多，但也因為跟著產業起飛，所以公司通常都不會面對太困難的競爭環境。但為求能在眾多競爭產品中勝出，企業應思考如何具體改進商品的質量，增加商品的新特色。例如，當蘋果打開智慧型手機市場後，後續便是由宏達電（HTC）與三星藉由更多功能、更有特色的產品來擴大市場的影響力。

　　到了「成熟期」，也就是「利」的階段，這一時期產業技術已經很成熟，競爭變得很激烈，各式各樣的整併、合縱、聯盟頗盛行。企業可開發多元產品與超額產能來防堵競爭對手，進而降低產業內的競爭程度。例如7-ELEVEn在擁有一定規模的終端通路後，便進而開發與擴展各式實體商品組合，因此7-ELEVEn的零售空間雖然很大，但架上所擺的大都是自己的產品，讓競爭者沒有任何機會。

　　即便處在衰退期，在「貞」的階段，也能經由定位策略，重新點燃企業生機。例如，檜木桶產業幾乎消失了，但位於台北市中山北路的林田桶店，就轉而定位在懷古、手工藝術品，而開創一條生機。同樣的例子有毛巾工廠、紙寮工廠等，轉型為觀光產業。

定位變化：技術生命週期

　　我們也可以應用與產業生命週期類似的分析架構「技術

生命週期」，來探討定位變化。因為處在不同時期的技術，效能與接受率都不太一樣，因此，在市場上被賦予的角色、定位就會有所差異。

在技術發展初期，因為研發人員與消費者對技術的本質了解較少，發展的前景充滿不確定性，存在著許多瓶頸等待被克服，因此技術效能改善的速度較為緩慢；隨著了解愈多，改善的速度變快，最後逐漸趨向物理極限。這就是著名的「技術S曲線」。

例如，汽車剛問世時，不僅發動麻煩，速度也沒比馬車快多少。美國艾森豪將軍（General Dwight Eisenhower）年輕時參加過行軍，他一路指揮眾多的軍用卡車，進行從美國西部到東部的橫越之旅，然而這一趟旅程並沒有因為開卡車而走得比較快，因為卡車時常拋錨，或是陷在泥淖裡，士兵們又要額外花很多時間解決這些問題。汽車發展初期，技術變化緩慢，等到成熟以後，技術也面臨停滯不前。現在的汽車，跟40、50年前的設計，其實差不了多少。

接下來，我們可以應用「元亨利貞」四個不同的階段，來探討技術變化與策略定位之間的關係。

「元」，為始，技術剛萌芽之始，這時往往會面對「新之不利」（liabilities of newness），因為市場前景不明確，技術也不成熟，此時除了要建立產品知名度，搶占灘頭堡，也應設法了解消費者的使用經驗，持續改進產品。台灣筆記型電腦發展初期，就有廠商在良率還不穩定時，搶先出貨，

「邊做邊學」、「壞一台,就換一台」,以便搶占市場先機。簡單說,這個階段的策略重點是「trial and error」(反覆試驗,不斷摸索)。

「亨」,為通,也就是可以「跨越鴻溝」,形成「龍捲風暴」,或是邁向十倍速成長,這個階段策略重點是「技術推動」(technology-push),包括:持續改善技術,提升產品效能,建立消費者的品牌偏好。例如,宏碁很早就推出平板電腦,但以觸控筆的方式操作,一直無法獲得市場廣泛的青睞。一直到2010年,蘋果推出iPad後,觸控式螢幕脫離了觸控筆的束縛,技術功效出現突破式的進展,市場才開始真正起飛。

「利」,為和,代表的是市場的康莊大道,定位應慢慢從技術推動,轉往市場拉動(market-pull),例如:增加產品種類,開發新的應用,以及用「母雞帶小雞」的方式,開發新的產品技術,以延續原有的市場主流優勢。這幾年,蘋果的iPhone與iPad都算是走在康莊大道上,行銷重點都是擺在漸進式創新以及提供更多的產品選擇,例如:提升解析度、相機畫素與處理器、減少重量與厚度都是漸進式創新(例如:iPad mini、iPhone Plus)。同時,因應採用者成長逐漸趨緩,蘋果也開始想辦法開發更新的技術或產品,例如Apple TV或是Apple Watch,以延續蘋果家族的主流地位。

「貞」,為正,原本風光的產品乏人問津,大眾轉往新的技術,這時就要設法剔除弱勢品牌,將支出降到最低,

正式對過時產品說再見。蘋果在2001年推出革命性的產品iPod，同樣也歷經了元、亨、利三個階段後，隨著iPhone的問世，慢慢達到技術發展的極致，進入「貞」的階段。蘋果在2015年第一季的財務報表，甚至不再單獨列出iPod的營收狀況，與Apple TV及其他周邊產品合併在一起計算，這也宣告，iPod即將慢慢退出市場舞臺。

從「元亨利貞」四個字解釋技術生命週期，跟「春耕、夏耘、秋收、冬藏」的概念是相通的。技術的初期發展是元，春耕階段，要趁著技術剛萌芽、大眾剛顯露興趣時，做好創新育成的工作，有效結合多項資源，提高商品化成功的機會。「亨」是夏耘階段，代表創新者要繼續提升技術效能、排除競爭障礙，否則就會如農作物缺少養分而夭折，技術也會因無法跨死亡之谷而退出市場。利，就是秋收，代表順利步上康莊大道，是創造營收的階段。貞，是冬藏，代表技術的發展已到了盡頭，應做好淘汰的準備，準備迎接下一次的典範移轉或技術變革。

在電影《搶錢世界》（*Other People's Money*）裡，由葛雷哥萊‧畢克（Gregory Peck）所飾演的電纜公司創辦人，即便面臨光纖技術的興起，還是拒絕承認電纜已經落伍了，要想盡辦法延續他的事業。這就是未能體認到產業的發展總有盡頭，即便技術已經步入「貞」（冬藏）的階段，還是用「亨」（夏耘）、「利」（秋收）的心態來對待。

丹麥哲學家齊克果（Søren Aabye Kierkegaard）曾經

說：「生命只能從回顧中領悟，但必須在前瞻中展開。」
（Life can only be understood backwards, but it must be lived
forwards.）技術也一樣，當過去已成過去，就應該勇敢拔掉
氧氣管，展望未來，迎接下一個新興世代。

總體環境

總體環境的變化，包括：政治、經濟、社會、人口、科
技、全球化等，也是影響企業定位創新的重要外在變數。

1999年阿里巴巴成立，創業初期業務推廣並不順利，
2002年底爆發的SARS（嚴重急性呼吸系統綜合症）事件，
讓大家都不敢出門，間接促成在家線上購物的快速成長，阿
里巴巴從此以後就「兩岸猿聲啼不住，輕舟已過萬重山」。

2008到2009年，由美國不良抵押貸款所導致的金融危
機，幾乎擊倒所有全球企業，很多在竹科工作的人都被迫放
無薪假。但在這一片愁雲慘霧當中，台灣的線上遊戲產業卻
大發利市，因為失業或放假在家，沒事可做就上網打電動。
換句話說，就業情況愈低迷，線上遊戲就愈賺錢。知名的線
上遊戲公司茂為歐買尬，就是藉由這一波良好的獲利氣旋，
得以在2010年1月在台掛牌上櫃。

總體環境可能帶來順風車，但大部分的情況是帶來更多
不確定性與衝擊。如何避免「東風無力百花殘」，做到以變
應變、以變制變，是企業創造新定位、維繫創新優勢的重大
挑戰。

成立於1850年的美國運通（American Express），一開始的定位就像中國古時候的保鑣，從事地區性運輸、貨物、股票、貨幣等快遞服務。後來因為郵政匯票逐漸流行，美國運通運送現金的服務業務，受到很大影響。為了因應這種變化，1882年，美國運通開始嘗試著印製自己的「運通匯票」，至此，美國運通就逐漸從運輸快遞公司，轉型為金融服務公司。

日本兄弟公司（Brother Industries）原本生產縫紉機，但有感於經濟、社會的變化，日本出嫁女子使用縫紉機的比率愈來愈少，因此善用它們在精密儀器與微電子的技術，成功轉型為打字機、傳真機、印表機等辦公室自動化用品製造商。另一家市場領導者力卡（Recar），卻仍然致力於開發最完美的縫紉機，隨著縫紉機市場的瓦解，力卡因此被迫結束營業[3]。

2014年，大陸吹起的禁奢令與簡約風，讓很多高端品牌開始「飛入尋常百姓家」，例如：俏江南開始賣起高級便當，法藍瓷轉攻居家、收藏兩大市場，五星級飯店自動「降星」，都是「以善變來應變」的例子。

朝日啤酒

日本朝日啤酒公司（Asahi）的「Asahi Super Dry」引發了「啤酒味覺革命」，是說明企業如何因應社會、經濟環境變化，重新定義市場與開發新產品的經典案例。

　　傳統上，日本的啤酒是一項獨占事業，二次大戰後日本政府進行啤酒公司地域切割，各有各的地盤，朝日公司就被分配到一塊地區經營，獲利原本也很不錯。然而隨著時間的推移，啤酒銷售量卻逐年下滑；市場占有率從1949年重組後的35%，到了1985年，降到歷史最低點9.6%。沒有人知道業績衰退的原因是什麼，為了不讓公司倒閉，三井住友銀行派了樋口廣太郎來重整這家公司。

　　改革首先從組織結構著手。原本公司裡的產品研發部門與市場行銷部門壁壘分明，研發部門老師傅的權力很大，行銷部門比較活躍，為了解決雙方不太溝通的情況，新規定要求：每個星期一下午，這兩個部門的人要一起去喝酒聊天，就這樣一起交流三年，從原本的不講話，後來都變成好朋友。在這過程中，他們一直在討論要如何改變，也慢慢了解到一些問題的癥結，其中一個關鍵就是，如何決定什麼是一杯好喝的啤酒。

　　就好像香水產業中，決定一款香水是否有市場，是由「聞香師」來判定。啤酒也是一樣，有所謂的「品酒師」，也就是製酒老師傅。根據朝日老師傅的講法，一定要又濃又苦的啤酒才會是好喝的啤酒。因為這些老師傅都經歷過二次世界大戰，由於日本是戰敗國，一般民眾生活過得並不好，不只飯菜很清淡，甚至還都吃不飽，而日本人習慣吃完晚餐後還會去小酒館喝酒，因此就會偏好有濃郁口感、重口味的啤酒。

　　但走過戰後，日本的生活水準愈來愈好，以前或許是吃不飽，但慢慢變成吃太飽，所以朝日啤酒銷量就逐漸下滑。

　　經由公司內部交流與市場的重新定位，朝日啤酒決定開發新口味啤酒，「Asahi Super Dry」就此誕生，一款完全顛覆日本人認為啤酒就是要很濃、很苦的淡啤酒。

　　1987年3月17日，「Asahi Super Dry」推出，隨後就成為日本史上最暢銷的啤酒。在這之前，整個日本的啤酒市場呈現萎縮狀態，沒有人知道原因原來是出在消費者的口味改變了。

　　《韓非子》：「世異則事異，事異則備變。」隨時注意社會的變化，推出具有差異化的產品，也是定位創新策略的重要精髓。日本三得利（Suntory）在2010年推出一款新產品：微醺啤酒，濃度只有3%，大受市場青睞。因為現代年輕人習慣上網晚睡，這時候想喝點東西，但不想太清醒，也不想喝醉，所以3%的濃度剛剛好。

　　清朝孫枝蔚《贈安肅梁明府木天》詩：「懷古詩篇進，憂時策略新。」根據環境的變化、市場的需求，審時度勢，調整產品策略與市場定位，才能從競爭激烈的環境中勝出。

創新系統

　　產業組織的「結構—行為—績效」典範是定位分析的理論基礎，結構指的是產業，產業五力影響企業策略，進而影響績效。但產業或許是分析競爭的最佳單位，對於創新而

言，可能不見得如此。創新的發展與擴散，除了來自消費者的需求拉動，以及生產者的技術推動因素影響外，歷史、時間、文化、社會等等都會與創新發生交互作用。許多歷史的偶然，常會造成今日技術的必然。

　　例如，汽油引擎的勝出。1890年代，汽車工業剛萌芽，在這之後的30年間，工程師們各自根據不同的專業知識、經驗與偏好選擇，持續開發出包括蒸氣、汽油與電氣等不同動力主軸的汽車引擎。其中，汽油因不易取得，且危險性高，一直被認為是較差的選項；相對而言，蒸氣引擎的發展似乎得到最多的祝福。但事實卻非如此，一連串的歷史偶發事件，將蒸氣引擎淘汰出局。其中最特別的是，1914年，美國爆發歷史上最嚴重的口蹄疫，災情橫掃22州與哥倫比亞特區，因此全面關閉或拆除馬槽，而馬槽卻是蒸氣汽車補充水源的主要來源。所以，蒸氣引擎發展全面受挫，汽油引擎於是乘勢而起。而後更受惠於福特汽車大量生產與成功的配銷營運模式，內燃機汽油引擎便成為產業的唯一標準。

　　這就是一種強調路徑依賴與演化的創新思維。這一派學者認為：技術的發展並非是理性與隨機的產業活動，而是依存在所屬的歷史軌跡內部邏輯裡，逐漸並有順序地向前推演，並在外界相關社會制度支持下，逐漸擴散與發展。換句話說，創新影響社經環境的發展，並同時受其影響。創新與社經環境任何一項不是單獨決定，而是互為重要影響因數。這種互動的觀點，也挑戰產業結構的線性影響關係，而從系

統功能的角度，探討社會系統各構成要素間的交互、增強作用。但問題是，解釋創新作用的社會系統的分析單位為何，學者們也有不同的看法，但區域創新系統與國家創新系統則是兩個討論最多也是最被認同的架構。

區域創新系統與產業群聚

地理區域是孕育創新的天然場所。例如，雲南種類繁多的植物群落，加上山區常見的蟲蛇咬傷、瘴氣瘟疫、跌打損傷等疾病，就為「雲南白藥」的誕生，提供豐富的資源環境與地理條件。新竹的九降風，吹出獨特口感的新竹米粉與柿餅香氣。台灣南部的豔陽，曬出好米、細糖、精鹽等產業。自古道：靠山吃山，靠水吃水。創新也會依山傍水，乘勢而成。

創新的地緣性可以是先天條件所造成，也可以是後天人工發展的成果，但不管如何，都會形成產業群聚的效果。例如，江西的景德鎮陶瓷，既有歷史地理因素，也有人為的成果。台灣知名的新竹科學園區，就完全是政策因素使然，所形成的高科技產業群聚現象。

大部分的國家發展科技群聚，難有成功案例，真正知名的就是美國矽谷與新竹科學園區。因為竹科的成功，台灣也陸續成立更多的園區，原因大都是兌現選舉時所開的支票，因為可以創造當地財富，增加就業人口。但這些後來所增設的工業區或科學園區，都遠遠比不上竹科。2012年，在一次

座談會上，就有一位中部園區管理局的主管告訴我，中科有90%的業務，包括供應商、外包商等，都和友達有關，換句話說，有90%的中科人力是靠友達吃飯，但是友達卻一直不賺錢。園區雖不必然是成功的萬靈丹，但卻是政治人物表現政績最容易的成果之一。

國家創新系統

國家創新系統，顧名思義，就是創新活動會受到一國的歷史、文化、語言、政治、軍事及法制等社會結構因素的影響。不同的國家特性會演化出不同的創新模式 ₄。這些特性可能包括資源面，對於自然資源豐富與國內市場龐大的國家而言，自然比其他國家面臨更多的創新機會。例如，美國因石油資源便宜與廣大土地面積，孕育出以大量生產為典範的汽車工業。寒冷與荒涼的北歐，就適合發展無線通訊技術，因此也造就芬蘭的諾基亞（Nokia），與瑞典的愛立信（Ericsson），成為全球行動電話的先行者優勢。

各國間的差異也可能是制度面的，例如，社會習俗、文化風情、教育制度、產業網絡與政府對產業創新的支持度等。例如，韓劇的流行，得力於韓國政府大力扶植。同樣的，韓國政府的產業政策，加上財閥組織結構，成就出規模優勢的鋼鐵與半導體工業。日本的衛星生產體系與經連會組織（*keiretsu*），培養出具有國際競爭力的汽車工業。就如電影《一代茶聖千利休》（*Ask This of Rikyu*）所呈現的日式禪

風，含蓄內斂的日本民族，更能發揚與傳承講究細心慢活、心領神會的茶道藝術。台灣的半導體工業，則是得力於政府的大力扶持與資金幫助。當台灣的莘莘學子都把考上醫學系當聯考與學測的第一志願時，台灣的醫療、照護體系，自然就容易因擁有最聰明的頂尖人才，而聞名國內外。

　　國家創新系統的觀點認為，一國的制度可能在某些產業或技術發揮優勢，而這當然也隱含，制度也會在某些產業或技術發生格格不入的現象。例如，以日本的創新系統為例，日本在汽車、消費性電子、機器人、工具機以及自動機械產業方面，普遍被公認為有國際競爭優勢，但在造紙、食品加工、製藥與石化工業上則未必然。會發生這種「兩個日本」現象的原因就在於，傾向於採用策略聯盟與關係合約為競爭策略的日本廠商，雖然可以在以複雜組裝為主的汽車業、消費性電子、機器人、工具機以及自動機械取得競爭力，但卻無法在以簡單生產程式為主的產業獲取競爭優勢。

　　以台灣為例，台灣在個人電腦方面做得很好，這是因為電子工程人才物美價廉，衛星製造體系適合開放性系統，以及中小企業應變彈性能力強。但同樣的，這方面的能力應用到硬碟機工業、航太工業與汽車工業就踢到鐵板。一般而言，國家的規模愈小，歷史、語言、文化等制度因素愈一致，系統功能就愈能充分發揮，國家創新系統也就愈顯而易見，例如：台灣、南韓、香港、新加坡等亞洲四小龍，以及挪威、瑞典、芬蘭、冰島、丹麥等北歐五天鵝，再加上愛爾

蘭、荷蘭，就常是國家創新系統常引以為證的例子 5。

系統內策略定位

　　雖然區域創新系統以及國家創新系統，都很強調「命定論」（determinism）觀點，但從定位創新的角度而言，我們還是可以找到策略的可操作空間。首先，還是本章一開始就談到的，創新要懂得「擇人任勢」。因為企業創新的效果深受它所屬環境與制度結構的影響，因此體認時勢所趨、社會的主流價值與人才發展軌跡，便是第一要務。「適者生存，不適者淘汰」，雖然跟隨所屬地區的資源優勢與專長軌跡，進行投資、研發，並不必然保證成功，但逆勢而行，鐵定是更加辛苦。

　　第二，因為政府政策是主導區域或國家創新系統發展的重要因素，配合國家發展的方向，或是將自己的發展目標與國家利益相結合，也是做到「任勢」的重要因素。例如，企業可將自己定位成國家明星，以得到政府的重視與支持，韓國的三星，日本的豐田、索尼，台灣的宏碁、台積電，荷蘭的飛利浦（Philips）等，都是知名的國家明星企業。

　　第三，因為各國都會發展出自己獨特的創新系統，企業因此也可扮演資源整合者，配合各國政府的發展目標，妥善利用各國的優勢，來強化自己的競爭地位。例如，印度的公共廁所很普遍，在排泄物回收系統上累積很多經驗，綠能公司因此可以向印度學習這方面的技術。近年來，新加

坡政府投入很多資源發展生命科學，製藥公司因此可多前往
取經並運用當地的資源。台灣近年來極力發展文創產業，政
府對這方面的支持也不遺餘力，李安帶領好萊塢片商到台中
搭建片廠拍攝《少年Pi的奇幻漂流》，後續也引介國際大導
演馬丁史柯西斯（Martin Scorsese）來台拍攝新片《沉默》
（*Silence*），都是善用台灣資源的例子。

　　國家創新系統的發展，讓公司可以把全世界都當作自己
的創新工廠。這就像是把全世界各地的資源都整合在一份菜
單上，然後從中點餐、配菜，做出一份自己的創意料理。

避實擊虛，因機制變

　　定位創新所強調的差異化，就是要「避實擊虛」。企
業間的競爭法則也講究「兵之形，避實而擊虛」，其中的
「實」就是正面對抗，「虛」就是出奇制勝。《孫子》有
言：「凡戰者，以正合，以奇勝。故善出奇者，無窮如天
地，不竭如江河。」

　　奇正之術是中國兵法最重要的核心，而能出奇者，就是
能做到差異化，而能擅出奇招，做出各種差異化的訴求，就
是能夠創造新的藍海市場的人，企業的競爭就能像天地四季
變化那樣無窮無際，企業的經營也就能像長江黃河般地奔流
不息。

　　定位創新因為講究能夠因應外在環境的變化，而適時做
出調整，因此也強調順應時機，掌握變化，隨機而變。明代

兵書《投筆膚談》有云：「苟能審勢而行，因機而變，則敵亦焉能乘我哉？」《淮南子‧氾論訓》也說：「器械者，因時變而制宜適也。」定位創新不只在內容上要做到「避實擊虛」，在動態維度上，也要能夠「因機制變」，隨時根據環境的變化而做出因應與調整。

一言以蔽之，能力創新的精神是「唯快不破」，定位創新則是「惟變所適」。

彈指神通

在創新武林裡，如果能力創新使的是鳩摩智所學會的小無相功，再配上楊過的玄鐵重劍，那定位創新就像是使出東邪黃藥師的兩門絕技：彈指神通加上蘭花拂穴手。

彈指神通乃透過指頭彈出暗器或石子，準確集中鎖定目標。這就像企業集中資源，進行明確的市場定位，從而弱化產業競爭五力的影響。

蘭花拂穴手是黃藥師所創的點穴手法，扣指如蘭花，出手優雅，講究的是「快、準、奇、清」。就像《大藝術家》裡的喬治幫柏比點痣的過程，不只是落筆快捷，定點奇準，也能做到輕描淡寫、雲淡風清一般。

企業在執行差異化策略時，也一樣要講究「快、準、奇、清」，要能快速搶位，取得先機，不只要有精準的產品定位，出奇制勝，也要能夠做到輕鬆自在，行若無事，而這也表示，所建立的差異化是可持續的，就像象印因為對絕熱

技術的自信掌握，所以總是能優雅地回應競爭者的挑戰，永遠是不急不徐地推出更好、更有競爭力的產品。

瑞昱的產品策略

定位創新因為強調如何應付外界變化而採取因應對策，對於必須在短期間內針對市場變化調整產品組合，或是因應競爭情勢改變，思考突圍脫困的經理人，常會收撥雲見日、醍醐灌頂之效。在本章的最後，我舉一個台灣科技業的實際案例做說明。

瑞昱半導體是台灣第三大IC設計公司，該公司的多媒體晶片曾在2009到2010年間，在媒體播放機市場搶下極高的市占率，為公司賺取大量利潤。

2011年，公司內部有人提出，應該轉而發展可以自由下載應用程式與網路內容的安卓（Android）機上盒，但因這必須額外付出授權金以採用ARM架構處理器（CPU），而該公司目前已在使用MIPS架構處理器，在不願意多花錢，以及現有產品線還有很大獲利空間的情況下，最後決定不跨足安卓機上盒。

因此，造成一些同仁轉投入大陸競爭對手，開發安卓機上盒，在售價只比專門用做本地播放的瑞昱Linux影音播放機貴50美元的情況下，瑞昱被打得落花流水，導致該公司的多媒體晶片部門，從2011到2013年間都沒有獲利。

2014年初，面對董事會壓力，瑞昱的多媒體晶片部門

主管初步想到三種未來因應對策：第一，重新擁抱安卓機上盒，但這必須說服公司增加研發預算，聘請大量的軟體工程師。第二，既然考慮聘請更多的軟體工程師，不如直接踏進市場更大的平板電腦加速處理器（Accelerated Processing Unit, APU），但是公司其他產品線如Wi-Fi網路晶片、音效晶片，都已經在跟其他生產平板電腦加速處理器的廠商合作，如果該公司踏入平板電腦加速處理器開發，一定會遭到其他部門強烈抗議。第三，直接解散多媒體晶片產品線，安排部門內的研發工程師到其他事業群就職，無意願轉任者則擇優資遣。

當學生與我討論這個案例時，我們雖然一開始還有點不知如何切入，但隨著問題愈來愈清晰，我們就知道可以定位創新為主，能力創新為輔來解決目前的問題。

首先，要能順應外部市場情勢的變化。2014年適逢超高解析（3840x2160圖元；4K2K）電視與影片內容的規格戰，現有的機上盒若要搭配超高解析度電視或是收看4K2K的電影片，都必須升級手上的機上盒。這對該公司而言是非常好的時機切入點。為了及早切入市場，從外部尋找熟悉安卓作業系統的軟體人才，是不得不選擇的作法。

其次，考量現有顧客關係與產品線衝突問題。網路機上盒跟平板電腦都使用ARM晶片搭配安卓作業系統。既然該公司新晶片能夠使用在網路機上盒，只要在電源管理上再做些微修正，就可以進攻平板電腦等行動裝置市場。當前製作平

板電腦生意的其他幾家主要IC供應商，不管是全志還是瑞芯微，都搭配瑞昱的無線通訊晶片，如果瑞昱貿然宣布投入平板電腦市場，很可能導致這些競爭對手翻臉改用別家的無線通訊晶片，可以預料到瑞昱內部必定會有反彈聲音。

站在公司的角度，雖然希望多媒體晶片產品線能盡快找到定位，重返當年熱賣的盛況，但若出師未捷就先造成兄弟鬩牆，目前熱賣產品線（Wi-Fi網路晶片、音效晶片）的營業額受到影響，也非所樂見。平板電腦這條路短期內並不是瑞昱應該接觸的市場。還是專注本業在網路機上盒市場，所發生的衝突會最小，商業上的往來也最單純。

第三，技術趨勢與核心能力的搭配關係。機上盒雖是問題的焦點，但實際上，隨著技術的快速發展，機上盒也有可能在未來發展出不同的功能，或是與路由器和網路可讀取的儲存裝置（network-attached storage, NAS）相結合。事實上，智慧路由在2013年已經被幾家大公司掀起一波風潮，例如：極路由、百度路由、小米路由。2014年的美國國際消費電子展（The Consumer Electronics Show, CES）上，華為率先展出帶有HDMI介面的智慧路由器。市場上的觀望氣氛已經形成。大家考量的點就在於哪家晶片廠商能優先提供完整的統合方案，在硬體的電路設計上，以及軟體開發上都能有最好的技術支持。這樣的產品勢必馬上會在市場上引爆熱潮。

瑞昱的路由器晶片早已通過多家品牌客戶的認可，如

果多媒體晶片產品線的新產品，可以搭配自家路由器晶片做出整合型方案，讓一個產品同時兼具網路機上盒、路由器與NAS三種功能，肯定會吸引客戶的目光，也會是市場中無可取代的亮點。相較於競爭對手全志、瑞芯微以及晶晨並沒有路由器的主晶片，瑞昱的產品齊全度已經占得機先，這也是優勢所在。

綜上所述，瑞昱第一波可以順應市場主流，儘早推出安卓網路機上盒。第二波則應結合內部資源，進攻帶有媒體播放功能的智慧路由器市場。換句話說，這就是先以定位創新打頭陣，再輔以能力創新開發全新產品，來變革突圍再創高峰。

第 3 章

簡 則

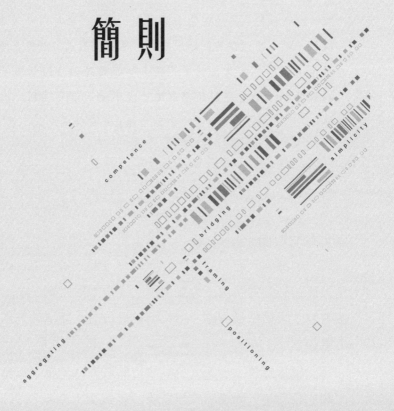

你可以再靠近一點，因為當你靠得愈近就愈
看不清真實。

——《出神入化》（*Now You See Me*）

本章介紹三個創新心法的最後一個：簡則創新。簡則，就是簡單規則，強調「簡單最好」。本章將介紹為何簡單能駕馭複雜，以及擁抱簡單規則的企業，更有可能開發瞬間即逝的市場機會。核心價值就是簡單規則的一種表現形式，也會介紹核心價值的類型，以及在創新管理上所能發揮的具體效用。最後我會強調，簡單規則並非永遠一成不變，唯有達到「依時進展」、「圓轉不斷」，簡則創新才能真正發揮威力。

一天下午，老和尚帶著三名徒弟到山上談經說道，直到天黑，才打著燈回府，走到半山腰時，一陣風襲來，吹滅燈火，看不見前路通往何處，也看不見後路從何而來，只剩下四周一片漆黑。老和尚突然心血來潮，要三名徒弟各說一句話來描述眼前的狀況。大徒弟說：「彩鳳舞丹霄。」二徒弟接著說：「鐵蛇橫古路。」三徒弟最後說了簡單的三個字：「看腳下。」

彩鳳舞丹霄，是說天上有彩色的鳳凰在飛舞。這是在回憶剛才談話時，天邊的美好景象，這就好比企業遇到問題，還在回憶過往美好歲月，沉迷於舊日風光。鐵蛇橫古路，是說道路被鐵蛇擋著，這是在警告外部的艱難險阻，這就像企業的經營必須考慮競爭者的威脅與外在環境產業的變化。看腳下，就是隨緣應事，把握當下，堅定前行。

如果說「彩鳳舞丹霄」可以拿來對應能力創新，「鐵蛇橫古路」用以對應定位創新，那「看腳下」就可以拿來對應

本章所談的簡則創新。再換個方式來說，如果能力創新走的是復古風，定位創新走的是潮流風，那麼簡則創新走的便是極簡風。

能力創新強調的是把核心能力愈磨愈亮的「效率至上」，定位創新是在外部環境制約下訴求「差異為王」，簡則創新就是「簡單最好」。

《天龍八部》裡武功境界幾乎已達到「神」一般境界的無名老僧，日常功課就是看腳下，弓身掃地，在旁人眼裡看起來雖是「眼光茫然，全無精神」，但能用一掌就分別擊死慕容博與蕭遠山，然後再把他們救活過來。

「簡則創新」的日常工作重點就是要能像掃地僧一樣，有規律、不太變化，日復一日地循環作息，雖然招式簡單，對於闖蕩江湖，開展藍海，卻往往能發揮極大威力。

康德（Immanuel Kant）每天下午3點30分固定出門散步，規律的生活，讓他寫出批判哲學三部曲（《純粹理性批判》、《實踐理性批判》、《判斷力批判》），從此繞過康德就沒有好哲學。村上春樹每天伏案寫作八小時，簡單規律的寫作公務員生活，讓他終成一代名家，也讓我們有機會可以感同身受他生活上的小確幸。

一代宗師葉問：「功夫，兩個字，一橫一豎；錯的，倒下；對的，站著。」只要讓企業不倒下，站著向全世界發聲，雖然是簡易程式、單純法則，也是武功利器，智謀方略。

簡單最好

　　策略必須回應環境，但如何做，則有不同的邏輯思維。能力創新觀點強調依據公司既有資源與核心優勢，來管理新創事業，開發新產品，以及判斷機會是否屬於你的。但問題是：當環境改變時，公司無法立即建立新資源，而且當一家企業變得非常複雜時，也很難看出它是否擁有開發新市場的機會與能力。

　　能力創新所強調的「穩紮穩打」、「待時守分」，碰到須隨機應變的情況，可能亂了分寸。就像《飲食男女》裡的退休大廚老朱（郎雄飾）所說的：「人生不能像做菜，把所有的料都準備好了才下鍋。」

　　定位創新的策略邏輯是：分析市場，了解產業競爭態勢，然後建立獨特定位，並持續維護差異化競爭優勢。但問題是：當環境改變時，定位很難立即改變，而且也很難掌握市場趨勢，來開發可能瞬間即逝的新機會。五力分析是個決策框架，但也可能是個創新盲點。引用老子《道德經》的一句話：「五色令人目盲；五音令人耳聾；五味令人口爽。」我延伸再加了一句「五力令人謀短」，意思是說，過於強調五力分析，會使決策太過短視，無法應付未來的趨勢變化。

　　不管是能力觀點，或是定位分析，所設想的都是面對一個徵候、訊號與疆界都很清楚的市場環境，因為資源與競爭對手的同質性相當高，為求勝出，企業會設計出很複雜的策

略，包括一連串價值鏈的活動組合以及獨特的定位，讓對手難以模仿，建立自己的競爭優勢。

如果面對的是一個撲朔迷離、錯綜複雜的環境，產業疆界模糊，資源與競爭對手的異質性提高，處於其中的企業，為了可以從混亂的環境中抓取機會並持續前進，善用過往經驗發展簡則策略，通常會比發展複雜策略更來得有效。

簡則就是針對複雜環境的反動。簡則創新強調的就是依據簡要的規則，來形成創新流程與策略。這些規則或法則，必須不斷地練習、實踐，才能真正形成企業整合資源、克敵制勝的策略方針。

湯姆・彼得斯（Thomas Peters）和羅伯特・沃特曼（Robert H. Waterman）在《追求卓越》（*In Search of Excellence*）書中，指出優秀企業所擁有的八大基本屬性，其中一條就是「精兵簡政」（Simple form, lean staff）：組織結構簡潔，人員精幹」。《追求卓越》出版已經超過三十年，但這項原則至今仍然適用。當代世界最成功的企業——蘋果的創新模式，就是極簡的組織架構，明確的直線職權，清楚的縱向責任。

谷歌的精兵簡政

谷歌的管理方式也是奉行精兵簡政，以扁平、開放、適應能力強和沒有階層組織做為它的管理架構。

谷歌以團隊為中心進行產品開發，組織架構採用扁平

方式，方便橫向溝通。2005年，當時的執行長施密特提出70—20—10管理法則：70%的時間專注在核心的搜尋業務，20%的時間與核心業務相關，另外10%的時間則讓員工隨性發揮。因為給創新留了餘地，Gmail、Google Talk等新產品就這樣被開發出來。

谷歌創辦人布林與佩吉強調，他們要建立的是和網路世界同步進化的公司，而不是在某個時間點上有競爭優勢的公司，這個目標是讓他們改變管理型態的原因，雖然它的管理模式一直處於混亂的邊緣，但奉行簡單法則讓他們能夠以簡馭繁，一步一步地跟著環境的改變一起演化、前進。

治大國，若烹小鮮

臉書（Facebook）是另一家奉行精兵簡政、簡單結構的企業。2013年，我到臉書參訪，剛好看到創辦人馬克·祖克柏（Mark Zuckerberg）自己一個人，在一棟大樓底層、在一間四面都是玻璃的大房間裡用午餐，我想這應該就是他的辦公室，陪同我的臉書員工卻告訴我說，臉書沒有人有獨立的辦公室，大家都在公共空間裡一起辦公。執行長辦公室和其他辦公區沒有高聳隔間，可以預見這一定是一家沒有階級意識、組織結構簡潔、上下溝通順暢的公司。

蘋果、谷歌、臉書的例子說明，管理跨國大企業，並不需要很複雜的策略規劃與控制系統。就像老子《道德經》裡所說的：「治大國，若烹小鮮。」輕徭薄賦，自古以來就

是偉大王朝的象徵。同樣的，管理大企業，也不要三日一小變，五日一大變，只要掌握一些核心原則來引導公司的成長就可以啦。

換個比喻，管理大企業，不須「瞪大眼睛」，而是要「瞇著眼睛」，看的東西少一點，反而能夠看得更全面、更長遠。就像前田約翰（John Maeda）在他的著作《簡單法則》（*The Laws of Simplicity*）書中所說的，優秀的設計師都會瞇著眼睛看東西，以便從許多「樹形」中看到「林相」。換句話說，從執行長的角度看出去，公司人事物要像一幅簡單線條的單色「漫畫」，而不是像《清明上河圖》一樣的彩色「寫實畫」。運用簡單線條，建構優美林相，採用簡單規則，建立價值系統，就是跨國大企業高層管理者最主要的工作與挑戰。

亂中有序

1980年代，英特爾先後推出286、386、486系列處理器，許多不同的產品造成公司資源分配上的困擾。為了解決這個問題，英特爾便依照不同產品的毛利率高低來分配產能，最終使得公司能夠以簡單但也是最有效率的方式獲得成長的機會。有一次我在EMBA上課時談到這個案例，下課後就看到某位學生在Line的群組裡發表心得：「最近在思考如何簡化產品線。課堂上聽到：依毛利率來分配產能，是一個good approach。」聽到上課的內容被學生馬上應用來解決工

作上的問題,是當老師的一大樂事。

　　VISA國際的誕生,靠的並不是複雜的組織設計或專制極權的秩序,而是由簡單的觀念、信仰與原則所組成,包括:組織應公平地隸屬全體成員、組織應對所有合格的對象開放、權力功能資源應儘量下放、凡事力求自願、費用不做事後攤派等。因為要能讓兩萬多家跨國會員銀行一方面彼此競爭,一方面又能共同合作支持這個組織的存在,就必須捨棄清楚的組織界限、權力關係,允許多元思想的存在,讓組織的每一位成員都有公平的機會影響其他成員,所以讓組織隨著環境的變化,演化出最符合大眾利益的結構、方向和作法。

　　VISA國際的催生者,狄伊・哈克(Dee Hock)稱此為最符合自然與人性的「亂序組織」;能夠和諧地結合混亂與秩序的兩種特性,在不斷擴展的循環中自我學習、適應和創新的有機體 $_2$ 。

　　亂中有序,變不離道,看起來也頗像前立法院長王金平看待管理台灣立法院的「降龍伏虎訣」。因為「世事如棋,乾坤莫測,笑盡英雄」,面對各方利益交互博弈,與其費盡心機,不如把握一些簡單共識與原則,然後順其自然、靜觀其變、就勢改制,才是務實可行的作法。

可靠系統

　　從可靠度的觀點來看,好的系統,都是簡單設計的系

統，不簡單、就不可靠，容易出錯。不管是產品、組織或是聯盟，都如此。軍中的制度設計亦然。前陸軍總司令陳鎮湘，針對2015年3月底發生的601旅阿帕契事件受訪時就指出，「軍中講究愈簡單愈好」，沿用大陸的指揮結構，管理播遷到台灣的國軍，執行軍隊縮編政策，以繁就事，再加上配套不足，就容易出事。軍隊指揮最好就是「一個口令一個動作」，清楚易懂，簡單明瞭，就是可靠的管理。以電燈設計為例，只有開或關，很簡單，所以同樣的動作，每次都會得到同樣的結果，這就是「一個口令，一個動作」。大同電鍋，可以五十年來都成為出國留學生必帶物品之一，就是因為它簡單、好用、又可靠。

相反的，愈複雜、就愈容易出錯。例如，有些飯店為了顯示高檔，把燈光調控設計得很複雜，讓房客無所適從，晚上起床都找不到開關，就容易發生意外。最近一次我到大陸出差，住宿的飯店房間裡的開關就超過十個，包括：壁燈、閱讀燈、檯燈、立燈、廊燈、夜燈、天花燈、布簾、紗簾，再加上浴室裡的崁燈、鏡前燈，衣櫥裡的照明燈，搞得我眼花撩亂。電視開關也很特別，至少有30個按鈕，我研究了半天，還是沒辦法打開電視頻道。相反的，Apple TV的遙控器開關，只有薄薄一片，3個按鈕，我一用就上手。

好的設計，應該不要給客人任何驚喜，簡單就好，就像我們如果碰到飯店浴室的冷熱水開關，與我們日常使用的習慣相反，肯定會不知所措。

　　複雜，就容易「牽一髮而動全身」，提高不確定的風險。這也是為什麼，我們搭飛機時，都會儘量減少轉機次數的原因。有一年，我去馬德里開會，因為沒有直飛班機，所以在巴黎轉機，卻恰巧碰上法航罷工，差點流落機場，上演《航站情緣》。轉機次數愈多，就愈複雜、也愈不可靠。

　　好的產品，應該是操作簡單，讓消費者容易使用。同樣的，好的系統，也應該是目的明確、設計簡單、便於操作，例如：核能發電廠、交通控制中心、安全資訊系統都應如此。

　　20世紀初，亨利・福特（Henry Ford）所研發的汽車生產線，就是一種簡單系統的設計。蘇聯在1947年所設計出的AK-47自動步槍，因為結構簡單、分解容易、易於清潔和維修、操作簡便，所以深受各國軍隊歡迎，至今仍是局部戰爭中使用人數最多的武器。

　　電影《超級戰艦》（*Battleship*）裡，最後打敗有電磁干擾防護罩的外星人艦隊，不是美軍現代聯合艦隊，而是已改為海上博物館、二次世界大戰的主力艦密蘇里號。電影《哥吉拉》（*Godzilla*）裡，專家想到可以用來對付會發射電磁脈衝的怪獸穆透（Muto）的武器，不是最現代化的電子作戰裝備，而是裝有舊型計時器的核彈。複雜，就有風險；簡單，相對可靠。

　　1990年初，我還在英國念博士時，買了一輛二手的福斯（Volkswagen）Golf代步，記得在買賣過程中，銷售員跟我

說了很多，或許當時我的汽車知識貧乏，也或許英文不好，不是聽得很清楚，但有一個字深深印在我的腦海裡，就是這款車很「robust」（穩健）。幾年後，我對「robust」，有了另一層體會，這除了代表堅固耐用，也是「一路走來，始終如一」。因為不論是我回台後，所開的同款福斯車，還是後來搭別人所開的其他車款的福斯車，總是讓我感覺很熟悉、很自在。

喜歡開德國製汽車的駕駛人，應該跟我有相同的體驗。不管是賓士車（Benz）、還是寶馬車（BMW），二、三十年來，不論是推出哪種新車型，基本設備操作，都不會有大改變。消費者即使換了新車，也可以很快上手，安心上路。操作簡單，也是結實耐用、親切自然、性能可靠的保證。

駕馭複雜

駕馭複雜環境，需要簡單法則，主要的理由就是，在複雜的環境中，即使是很小的變動，也可能有令人驚訝的結果。因此就算透過精密計算、理性規劃所得出的策略，都很難得到預期的結果。因此把握幾個簡單法則，隨時觀察它們的互動情形，再持續調整，反而比較能夠掌握狀況。

小變化，大影響，這就是混沌理論有名的「蝴蝶效應」（The Butterfly Effect）所說的：巴西一隻蝴蝶拍動翅膀，可能導致美國德州颳起龍捲風。「蝴蝶效應」也在2004年被拍成同名電影，故事內容是：具有回到過去超能力的男主角

（艾希頓・庫奇〔Ashton Kutcher〕飾）， 每次為了改變既定事實，而回到童年生活裡所做出的小改變，都會造成無法預期的結果。同樣的，在電影《地心引力》（*Gravity*）裡，因為俄羅斯用飛彈炸毀了一顆自己的衛星，它的碎片造成一連串連鎖反應，導致在太空執行修理哈伯望遠鏡任務的美國太空人，陷入孤絕處境，這也是一種蝴蝶效應。

這種始料未及的情況，並非個別單一因素，也不是線性因果關係，而是源於個別因素的相依、互動、總和，所產生的「突現」（emergence）：整體比每一部分的總和加起來還要大。

1979年3月28日發生的美國賓州三哩島事件，事後追查發現是肇因於四起獨立的失靈事故，包括：凝結水淨化系統管路阻塞，濕氣進入儀用空氣系統管路，渦輪發出錯誤訊息傳至渦輪機；水流阻塞，閥門應該開啟但卻呈現關閉狀態，一次側冷卻水系統內的熱量無法移除，爐心溫度與壓力提高；自動釋壓閥卡在開啟位置；自動釋壓閥位置指示器卻顯示該閥處於關閉位置。這些都是操作人員無從注意到的小事情或小故障，因為核能系統本身的複雜設計，具有交互作用並緊密相依（tightly coupled），因此一開始發生的小干擾事件，很快就迅速蔓延，導致一發不可收拾，最終釀成美國核電歷史上最嚴重的一次大災禍[3]。

2008年的全球金融危機，就可追溯到眾多個別但相互關聯的事物：新金融工具的發明、銀行管制放寬、低利率貨幣

政策、借款人知識不足、投資銀行以衍生性金融商品將風險轉移給社會大眾等。即便是前行政院長劉兆玄,也絕不可能預期得到,他所買的1,900多萬元連動債,會因為金融海嘯損失慘重。

　　2010年,深圳富士康發生「跳樓事件」,當1月23日發生第一起員工墜樓傷亡時,完全沒有人預期得到,會產生這麼大的骨牌效應。到了5月底,總共累積發生十二起意外,震驚全中國大陸。跳樓事件蔓延成輿論恐慌後,富士康面臨「血汗工廠」的指控,也讓蘋果面臨前所未有的輿論壓力。對照富士康當初危機處理的情況,完全沒有料到會造成如此的結果。

　　面對複雜環境的不可預期性、突變現象,我們真的不會知道事情會如何發展,也很難進行預測、安排計畫、編定預算等。因此最好的應對方式就是依據一些簡單的決策法則,引導組織成員在各自的崗位上,依據情況,靈活應變。

　　簡則創新,就是要相信自己不太可能有先見之明,不管是根據核心能力或產業五力觀點,所推演而出的創新與變革策略,都還是會陷入「見樹不見林」、「一步錯,步步錯」、「差之毫釐,失之千里」的問題,這不只是視野的問題、認知的限制,也是因為「黑天鵝」(The Black Swan)效應,會讓我們變得手足無措。

　　無論是鐵達尼號的沉沒、第二次世界大戰、911襲擊、美國的次貸危機,以及SARS、伊波拉疫情等等,都是源起

於不可預測的重大和罕見事件，是意料之外，但一旦出現卻又有可能改變一切。複雜是無法管理複雜的，唯有簡單，才能應付突變，也才會有機會持續發展，贏得先機。

千招會，不如一招熟

記得小時候，因為太胖，被父親送去學柔道，學了兩個多月，每天都只是練習同樣的招式，讓我覺得非常無聊，忍不住向師父反應，「什麼時候可以開始教我一些絕技」，結果被臭罵一頓，要我就是繼續練習，不停地練習。經過這麼多年，我才終於了解，成為柔道大師或是空手道高手的關鍵，不在於學會上千個招式，而是在於練習少數幾個招式幾千遍。正所謂「千招會，不如一招熟」。簡單的動作不斷地重複，就是「功夫」，也唯有不斷重複才能累積能量，持續深入。

李小龍的截拳道強調的就是：實用、簡單、快速，「格鬥中不該浪費時間與動作，最簡單的就是最好的。」相對的，複雜的招式動作因不斷變化，無法一直重複練習，也就無法累積能量。招式太多，也不太容易記住，就像早期布袋戲的人物「怪老子」：武功練太多，都忘了。

金庸武俠世界裡的丐幫護幫神功「降龍十八掌」，根據記載原來為二十八掌，從創幫之主傳承到《天龍八部》裡的喬峰時，因為後十招過於繁瑣，經刪除重複後，簡化而成威力更強大的十八掌。招招須用真力，動作雖然平淡無奇，

但每一掌都有無堅不摧的威力。「降龍十八掌」因為招式簡明，所以資質愚鈍至極的郭靖才得以專注一生，反覆練習到爐火純青，終成一代大俠。

有一次，我去參觀成都的青羊宮，看到一名道士帶領很多人在練太極拳，他們就只是不停地重複一個動作：左手扶丹田，右手向下往左朝上向右劃個弧，即便如此，每個人的動作看起來感覺都不一樣。說是簡單，其實不簡單。就像「添好運」的點心傳奇一樣，雖說是「一招半式闖江湖」，但對旁人來說，總是易學難精，難以深入。

愈是簡單，愈見真功夫

餐飲業的競爭非常激烈，能夠真正勝出的都是簡單、可預期的、一致的菜色。就像每次我回去故鄉嘉義，一定會光顧西市場的一家「魯熟肉」，那家店的魯熟肉已經賣了幾十年，從父親傳到兒子，賣的東西沒有變，永遠都是一樣的菜色、口味。反之，會常常更換菜單的餐廳，通常比較難留住忠誠的顧客，因為客人會再上門，就是想要尋找熟悉的味道。把客人當作白老鼠來試新菜色，在餐飲業通常會帶來無法承受的風險。

對餐飲業而言，創新並不是指「換菜單」，而可以從很多方面著手，例如，提供iPad菜單等不同的點餐形式（雖然我還是不習慣這種點餐方式）；或是增加服務項目，例如，新增加卡拉OK娛樂設施、代為照顧小孩、幫忙找酒後代

駕、增加每道菜的背後故事講解等。王品的戴勝益就說過，在王品換菜單是件大事，既要做大數據分析、也要委員會表決，一動不如一靜，「現在，還有十幾年來未曾換過菜單的經典餐點。」[4]

　　位於馬德里的「波丁」（Botin），是全球第一家專門為顧客烹煮食物的餐廳，從1725年創業至今，烤豬腳一直還是店裡的招牌。麥當勞的大麥克、肯德基的炸雞、鼎泰豐的小籠包、鏞記的燒鵝、全聚德的烤鴨、東來順的涮羊肉（當然還有我老家的華南碗粿、米糕、文化路的粿仔湯、噴水雞肉飯），這些經典產品不知賣了多少年，現今仍然暢銷。香港何洪記的雲吞湯麵遠近馳名，最近雖然跨足港式點心，雲吞湯麵仍是它的招牌。每家餐廳或是企業都該建立與維護自己的「招牌特色」，使之成為核心骨幹，既能傳達組織經驗與記憶，也能支撐起奮力前行的動力。

　　把一個簡單的菜色發揮到極致，做到「一門深入」，就像電影《拉麵武士》（Ramen Samurai）裡，不停地嘗試研發出最好吃的拉麵後，維持味道不變就很不容易。煮出來的每杯咖啡溫度都是85度C，打出的豆漿都是86度C，端出來的拉麵都是87度C，就是鎮店絕技。有「全世界最便宜的米其林餐廳」美譽的添好運，裝潢簡單，菜單也很簡單，雖然花樣不多，但每份點心都能做到四季酒店龍景軒的水準，就是創新。電影《食神》最後由大廚史提芬周（周星馳飾）端出的「黯然銷魂飯」，就只是香港的庶民小吃：叉燒飯，再

加上荷包蛋、洋蔥和菜心，雖然食材簡單，但愈是簡單的菜色，愈能顯出烹調的真功夫。

　　簡單一致、用心料理，就是處在瞬息萬變的餐飲業中最重要的競爭武器。

簡則類型

　　企業可以依據關鍵程序，也就是影響主管日常事務、主要客戶管理與資源分配決策等重要活動，來設計簡單法則。一般而言，可區分為五種類型[5]：

1. 執行法則（how-to rules）：該如何執行關鍵程式。
2. 界限法則（boundary rules）：專注在哪些機會，又該放棄哪些機會。
3. 優先法則（priority rules）：排序鎖定的機會，適當分配資源。
4. 時限法則（timing rules）：執行策略時的時間性。
5. 退場法則（exit rules）：何時放棄追逐的機會。

　　就如同可協助企業開發與掌握機會一樣，這五項簡單規則，也可以應用在年輕朋友身上，幫助他們在茫茫人海中，找到合適的另一半。首先，執行法則，重點在專注於關鍵成功因素。古有言訓：「書中自有黃金屋，書中自有顏如玉。」所以年輕時應專心好好念書，花太多時間在尋尋覓覓、參加類似我愛紅娘的校際聯誼，可能效果不彰。反之，

專心學業，待日後有成就，自有結果。記得小時候，常聽親友談起，很多家裡窮困的孩子，都會立志考醫科，等到考上的那一天，就會有人上門提親，就是這個道理。

其次，界限法則，哪些是真正的機會，哪些又是該放棄的。譬如謹守「好兔不吃窩邊草」，所以不發展辦公室戀情。或是相信學生時代的感情不成熟、不切實際，所以求學過程所遇到的機會都放棄，只專注在進入職場以後，靠人介紹、認識，或是多參加「我愛紅娘」等社交活動。

第三，優先法則，哪些是最值得自己花心思在上面，例如謹守「以結婚為交往前提」，如果對方不想結婚，就不要浪費時間、金錢。

第四，時限法則，嚴格掌控進度。例如，認識三個月，共進晚餐；交往半年，一起出國旅遊；一年以後，就可以準備認識雙方父母。

最後，退場法則，如果交往一年，發現彼此個性不合，談話不投緣，就該考慮放棄。

即興演出

簡則創新並非只是簡單不變、永遠「一路走來，始終如一」而已，而是在簡單規則的引導下，在有序與無序之間保持平衡，做到與環境的共同調適，並且能夠創作出即興演出的效果。換句話說，簡則創新的決策過程不是演奏交響曲式的「視譜演奏」，而更像是爵士樂的「即興演奏」，以及樂

手之間的「即時對答」。

　　以足球比賽為例，一支球隊若不包含守門員，共有十名球員先發上陣。通常在比賽前，總教練會看對手的風格與特性安排隊形，例如，被廣泛使用的「4 - 4 - 2」陣型：4名後衛、4名中鋒以及2名前鋒，但是這種傳統陣型並非絕對的固定。在比賽過程中，場上狀況瞬息萬變，球隊必須隨時更換陣容以及戰術來做出即時反應，也許是尋求更多射門的機會，所以調整為「4 - 3 - 3」陣型，為求加強後方的防守能力改採「5 - 3 - 2」陣型，或是為了提高中場的聯繫、調度能力改成「3 - 5 - 2」陣型。

　　舉一個極端的例子，按照傳統的戰術思維，守門員必須緊守球門，不能隨意離開。然而，如果球隊落後一球，且比賽快要結束時，守門員也可視情況發展，積極參與隊友們的進攻，尤其是當己方獲得角球或自由球的機會時，就是守門員可以表現的時間。丹麥著名的守門員彼得・舒米高（Peter Schmeichel）在效力曼徹斯特聯隊（Manchester United），就曾在球隊落後時，衝進對方的球門前頭頂進球，幫助球隊在關鍵的比賽中獲得和局。

　　另外，1999年英格蘭丙級聯賽，卡利斯爾聯隊（Carlisle United）中的守門員吉米・格拉斯（Jimmy Glass）就在賽季的最後一場比賽、最後一分鐘、最後一秒鐘踢進一球，幫助球隊得以保級成功，避免下個賽季被降到更低階的聯賽。

　　足球戰術是簡則引導，臨場回應、即興演出，企業創新

也是同樣的道理。

飛向宇宙，浩瀚無垠

簡則創新強調的雖是簡單規則，但簡單規則並不會導致簡單結果。在非線性的複雜動態系統中，看似簡單的行動，往往造成未預期的後果；相同的初始條件，也可能因系統內元素的互動差異，產生不同的結果。換句話說，簡單規則，無限可能 6。

舉個例子，音樂就是一個複雜系統，世界上的音樂千奇百種，但就如同任何一個動態系統一般，雖然看似混亂，卻隱含著根本的秩序與簡單的法則，也就是亂中有序。一項有趣的學術研究指出，我們喜歡的音樂，大致而言必須符合兩種規則：它有和弦，而且這些和弦得由獨立的旋律表達，隨著和弦改變而做小距離的變動 7。規則的限制下，並不限制音樂的創作可能性。李宗盛二十多年來總共寫過三百多首歌，雖然都是遵循相同的幾何結構，但每一首聽起來就是不同。

所以簡單規則並不只是簡單管理，而是能在簡單規則的引導下，隨時根據當下的情況，即興創作出組織的反應或是精準又有效的成果。即便是簡單規則，也能帶領企業「飛向宇宙，浩瀚無垠」（To Infinity and Beyond，出自《玩具總動員》）。

核心價值

　　企業的核心價值，就是簡單法則的最佳體現。核心價值是一個組織最基本、最恆久的信念，是一套永遠的指導原則與戰略方針，就像蘋果的「Think Different」、HTC的「Quietly Brilliant」以及Nike的「Just Do It」。這些像口號的核心價值聽起來非常簡單，但這代表一個組織DNA中最核心的部分，是經過長時間試驗探索，所總結出來的理念或是中心思想 8。

　　缺乏核心價值引導的企業，面臨環境變化，只會盲目地進行沒有主軸的策略調整，從而被各種可能的「無限商機」拖往泥濘的道路，不只核心能力無法形成，產業定位也無一致性，最終走向衰退或失敗。曾經連續六年被《財富》雜誌評選為「美國最創新企業」的安隆（Enron），在成為全世界最大的能源公司之後，就聲稱自己也會在其他領域有驚人表現。既沒有明確發展目標，也沒有明確價值引導，安隆很快就大起大落，消失在世界的商業舞臺。就如電影《鐵達尼號》（Titanic）裡的一句著名台詞：「鐵達尼號必定沉沒，這是物理上的必然」。

　　核心價值讓企業內所有人明白，世界上為什麼要有自己這家企業，大家奮鬥的目標是什麼。共同分享的價值，可以轉化為同心的動力，在遇到困難或挑戰時，都可以團結在一起，做到不畏險阻，逆來順受，共度難關。就如尼采所說：

「只要你知道為何而戰，就沒有什麼不能忍受。」

IBM 創辦人老華生（Thomas Watson Sr.）是清教徒，大力提倡「大家庭文化」，帶領IBM的發展過程中，雖然有過巨額虧損，甚至到了破產邊緣，但總是能化險為夷，走出困境。國父　孫中山先生在《三民主義》開宗明義就說到：「主義就是一種思想，一種信仰，一種力量。大凡人類對於一件事，研究當中的道理，最先發生思想；思想貫通了以後，便起信仰；有了信仰，就生出力量。」

最高指導原則

一般而言，公司所秉持的核心價值不須太多，通常有四到六項。就如《莊子·人間世》所言：「夫道不欲雜，雜則多，多則擾，擾則憂，憂而不救。」意思是所謂「道」，是不宜「雜」，「雜」會導致「多」，「多」則造成「擾」，「擾」產生「憂」，「憂」就不能「救」了。

例如，台積電的核心價值就有四項，合稱為「ICIC」，依次為：「誠信正直」（integrity）、「承諾」（commitment）、「創新」（innovation）、「客戶夥伴關係」（customer partnership）。迪士尼的核心價值則有五項，包括：「絕不冷嘲熱諷」、「健康的美國價值」、「創意、夢想、想像力」、「極度重視一致性與細節」、「著迷般地掌有與維持迪士尼的魅力」。

從核心價值的角度切入，簡則創新的思維就是：如何以

企業的核心價值引導企業的成長。這種概念就像面對複雜的環境，策略的選取非常困難，最後企業回過頭來反思自己的核心價值是什麼、自己的根本信仰是什麼？找到企業存在的目的後，就能找到最適合自己的策略，猶如航行在海上的船失去方向，這時候就需要身為領導者的船長一句振奮人心的口號或肢體動作，激發水手們的心智。

就像《白鯨記》（*Moby-Dick*）裡的亞哈船長，矢志獵捕那一隻曾經咬斷他一條腿、名叫莫比‧迪克的抹香鯨。亞哈以他堅定的意志，勇於冒險的決心，數度向船員宣揚他的復仇信念。復仇有時候也是一種鼓舞人心的興奮劑。就像當年蔣介石以「消滅萬惡共匪，光復大陸國土」團結台灣人心、美國總統布希矢言要為911恐怖攻擊事件復仇一樣。

在發展核心價值的簡則創新過程中，企業必須檢視其創造價值的流程環節，找出妨礙達成目標的阻礙與瓶頸，例如，資金短缺、人力匱乏、技術能力不足、重複多餘的步驟、部門之間缺乏溝通等。最後，領導者根據過往經驗，制定簡單法則來解決這些問題。這套簡則策略除了能夠幫助經理人在瞬息萬變的環境中快速因應，並可協助員工有效採取行動。這套簡單規則也就成為公司與員工可以遵循的「最高指導原則」。

阿里巴巴的「六脈神劍」

創立於1999年的中國電子商務集團阿里巴巴，從成立

之初就開始經歷快速成長，為了因應管理挑戰，雇用了很多位曾在跨國公司工作過的專業經理人，但卻因為價值觀的分歧，導致公司在2001年網路冬天來臨時，幾乎徹底地迷失了方向。

後來創辦人馬雲與高階管理團隊，重新聚焦公司成長方向，要求要有一項文化性的、統一的思想，堅持「客戶第一、員工第二、股東第三」，並具體列出被暱稱為「六脈神劍」的核心價值觀：客戶第一、團隊合作、擁抱變化、誠信、激情、敬業。這六條價值觀，除了「擁抱變化」帶有網路色彩外，其他都很樸實，雖然沒有每條都「劍指」創新，但他們卻組合成為引導創新的價值體系；就像「六脈神劍」的武功威力一樣，招式簡單、功效卓越、感應強烈。

建立起這統一的價值觀後，阿里巴巴集團可以在充滿不確定的電子商務市場裡，即時抓住機會，懂得說「Yes」，也懂得對某些事情說「No」，進而將網路發展成普及使用、且更安全可靠的工具。

信義房屋的簡則創新

曾獲得「國家產業創新獎」的信義房屋，也是在詭譎多變的房仲業，經由篤信簡則創新而勝出的案例。

傳統的房仲業基本上是一個爾虞我詐的行業，仲介靠買賣價差賺錢，這麼一來，賣方不相信買方，買方也不相信賣方。信義房屋在這樣充滿不信任的行業裡強調信任，甚至讓

它成為公司的基本信仰與核心價值。為此，信義房屋做了很多創新，就員工來講，不賺差價、領基本薪；就房屋來講，幫客戶判別是否為海砂屋、凶宅，為客戶做好把關，如果發現自己買到的是凶宅，信義房屋也會原價買回。

信義房屋創辦人周俊吉曾說：「我沒有策略，我經營的就是信任。」事實上，信任就是他的策略，這讓信義房屋贏得顧客的心，也藉此聚焦開發真正的市場機會。在2008年、2009年金融海嘯期間，當台灣房仲業處於一片不景氣當中，他們還能逆勢成長，就是因為堅守核心價值，所以能衝破難關，甚至還能逆勢成長的關鍵。

有一年，我藉由去杭州訪學之便、順道參訪紅頂商人胡雪巖的故居，對於原址阜康錢莊上所掛的一塊牌匾「戒欺」印象深刻。不管是阜康錢莊所高掛的「戒欺」，或是信義房屋所強調的「信任」，都是同樣強調謹守核心價值，不偏不倚，來開發市場機會，推展創新成長的案例。

複雜政治，簡單原則

依據簡單規則來引領個人或組織，在混沌不明當中穩定前進的觀念與作法，不只可應用在產業界、學術界，也很適合用在政界與官場。

例如選舉，如何說服選民投票給候選人是一門藝術，但也需要好策略。每位選民好比是整個選舉市場的成長機會，每位候選人絞盡腦汁要爭取這些機會。在小規模的選舉中，

例如鄉、鎮長的選舉，因為選民同質性高，教育和社會地位差別不大，也因為選區範圍小，候選人能提供的政見與服務非常有限。因此，如果要吸引選民關注，勢必要發展出相當複雜的獨特策略。

但是在大規模的選舉中，例如直轄市市長或是總統的選舉，選民的異質性較高，如果提出一套複雜的政見，很容易使自己的訴求失去焦點。因此，隨著選區的複雜化提高，政策也必須愈精煉。

回首觀看台灣歷年總統的選戰，不難發現每位候選人都有一句類似簡則策略的口號引導選戰。例如，2000年，陳水扁的「有夢最美，希望相隨」；2008年，馬英九的「633」；2012年，蔡英文在競選後期所強調的「三隻小豬」。

西元前207年，劉邦攻占秦都咸陽後，與關中父老約法三章：「殺人者死，傷人及盜抵罪」。這三條律法就是劉邦用以籠絡天下民心，制約手下將士的簡則戰略。簡單，就是力量。

又如，2013年9月，台灣發生馬英九總統與王金平院長之間激烈的政治鬥爭，當時曾有記者訪問身處其中的行政院長江宜樺該怎麼辦時，江院長就曾說：「政治很複雜，在面對複雜情勢時，把握簡單、正確的原則就是最好的方式。」這就是應用簡單原則，應付複雜情勢的最貼切案例。

電影《阿甘正傳》（*Forrest Gump*）裡也有一句名言：

「生命就像一盒巧克力。你永遠也不會知道你將會拿到什麼。」因為不知道未來會出現什麼情況，所以把握一些簡單原則，堅定前行，就是最好的作法。

與時俱進

簡單規則應該清楚明瞭，也應具體可行。規則雖然應該具體、清楚，也該有持續性，讓員工願意遵行，但在實務上，也應配合公司目標與市場情況而調整。例如，主管可藉由每年的策略規劃會議，說明公司的情況、競爭的變化和市場的反應，並討論如何改進公司的簡單規則。

例如，國內外許多知名的大學原本都以學術至上，研究第一，為基本核心價值，也以此原則來管理教職員工，但隨著各國政府財政狀況惡化，這些研究型大學就必須另尋出路，除了學術研究的基本價值以外，產學合作也變得非常重要，這也反應商管學院、各種高階主管培訓課程在各大學變得愈來愈重要。英國牛津大學的賽德商學院（Saïd Business School），就是在這種時代背景與價值轉變過程中，於1996年，在保守派教授的隆隆抗議聲中成立的。

轉換與節奏

簡單規則，除了應根據情況、事件變化，有一定的調整外，也應根據時間的進展，創造節奏，依時進展。因為企業很難預測未來的變化，如果依事進展，很容易使組織陷入後

　　知後覺的陷阱，總是比別人慢半拍推出新產品，自己認為的創新老早被市場淘汰，完全與市場的趨勢變化脫鉤。

　　就像諾基亞比其他競爭對手還要慢推出智慧型手機，固守於Symbian這個正在燃燒的平台。依事進展的企業就像溫水煮青蛙，等到發現身處危機，早就為時已晚。因此，面對不確定的競爭態勢，企業所應該要掌握的簡單規則就是依時進展，按照固定的時間規律，開發新產品、引進新技術、推出新服務、進入新市場，為企業創造有紀律的變革速度，一旦進入了某種節奏，就可以集中資源與焦點，建立信心，不只可以把對手拋在腦後，也可以隨時因應環境變化，與市場同步。

　　依時進展有兩個重點：「轉換」與「節奏」。轉換指的是，從一個新產品，到另一個新產品，從一項業務到另一項業務，所有的轉變、換代都能流暢平順的進行。就像是奧運400公尺接力賽的決勝點，往往就在交接的瞬間。「節奏」指的是轉換速度的快慢，太快的節奏，經理人跟不上；太慢的節奏，則有落後競爭者與市場的憂慮。這就像在跑步機上跑步，太快與太慢都不行。轉換是依時進展的組成要素，節奏則為依時進展創造動力。

　　2007以來，蘋果iPhone每年都會推出新機型，就是做到有節奏的轉換，這種有節奏、有秩序的轉換可以確保iPhone維持長期的競爭優勢，更成為每年媒體守候的焦點，因為大眾都能或多或少掌握到蘋果創新的節奏與脈動，在正式發表

會以前就會形塑出觀望的氛圍，甚至在產品推出後就會有人開始猜測下一世代的機型長什麼樣子。

《倚天屠龍記》裡，張三豐所創的太極拳，精義所在就是「圓轉不斷」，「用意不用力，太極圓轉，無使斷絕」、「一招一式，務須節節貫串，如長江大河，滔滔不絕」、「張無忌……雙手成圓形擊出，隨即左圈右圈，一個圓圈跟著一個圓圈，大圈、小圈、平圈、立圈、正圈、斜圈，一個個太極圓圈發出，登時便套得阿三跌跌撞撞，身不由主地立足不穩，猶如中酒昏迷。」

另一套太極功夫，太極劍，也是講究「運勁成圓」：「這路太極劍法只是大大小小、正反斜直各種各樣的圓圈，要說招數，可說只有一招，然而這一招卻永是應付不窮。」

太極拳劍的「圓轉不斷」，就是簡則創新的「依時進展」，不管是產品策略，或是變革的步驟，都要能行雲流水，瀟灑自如，雖是簡單，卻是威力無窮。

一艘不出航的軍艦，會因為私人雜物累積愈來愈多，而慢慢下沉，終至不堪使用而廢棄。同理，如果軍警不出勤，每年的腰圍愈來愈寬，應也是可以理解的現象。圓轉不斷的精髓，就是不要停下來，一直保持在運動狀態，就能發揮巨大的力量；就如牛頓第二定律的論述：施加於物體的淨外力等於此物體的質量與加速度的乘積（force = mass $\times$ acceleration），不停地運動，就會產生源源不絕的力量。俗話說，要活就要動，人的健康如此，企業的延續亦然。

運動比賽

簡單規則加上依時進展，也像網球高手的對決，除了平常就把一些簡單招式練到極致成為絕招以外，臨場對陣也要想辦法讓賽局進入自己的節奏，維持步伐，即便碰到裁判誤判的情況，也不會因此影響到下一球的比賽。

1989年的法國網球公開，17歲的張德培從外卡一路打上來，在第四輪對上世界排名第一的「冷面殺手」藍道（Ivan Lendl），打到第五盤的決戰，精疲力竭，雙腳抽筋。張德培想盡辦法尋找休息的機會，並找機會希望能打亂藍道速戰速決的節奏。

張德培開始要毛巾擦汗，慢吞吞地走到球邊拿球，摸摸球後要求換一顆；藉口上廁所，途中順便吃根香蕉，補充體力。後來，張德培再突然來個低手發球，把藍道嚇一大跳而發生失誤。賽末點，由藍道發球，張德培往前站在發球線，想用截擊的方式接發球，藍道提出抗議，但裁判沒有接受。心不平氣不和的藍道，就這樣惱怒一擊，結果竟然掛網，張德培終於獲得勝利。

棒球比賽時，如果碰上對方投手戰力超強，連續三振或封殺我方打者時，教練就會指示打擊手忽然來個觸擊短打，想盡辦法上壘後，隨時準備盜壘，這就是在設法給對方投手壓力，破壞他掌控比賽的節奏。電影《KANO》近藤兵太郎教練，教導吳明捷投手要懂得掌握「1、2、3」的節奏投

球，才有機會提升自己的技巧。如果在比賽中途出現麻煩，碰上打擊手實力超強時，忽然把自己投球節奏改成「1、23」或是「12、3」，往往也能因此擾亂對手已經準備好的打擊節奏與揮棒動作，贏得最後的比賽。就如近藤兵太郎在片中所說的：「只要掌握節奏，就能掌握全場。」

　　一級方程式賽車（Formula One）的比賽規定，時間不超過2小時，全程大約305公里，如果以單圈4.5公里來算，等於每輛賽車必須跑67圈，才算完成比賽。但受限於人的注意力與車子的狀況，即便找來電影《頭文字D》的藤原拓海（周杰倫飾），或是《玩命關頭》（*The Fast and the Furious*）的唐老大（馮・迪索〔Vin Diesel〕飾），都不可能一口氣跑完全場。在整場比賽的過程中，最令人緊張的莫過於車手進站的時機點，這也是考驗車手與他的團隊默契與功力所在，如果處理不好，很有可能「失之毫釐，差之千里」，瞬間掉了好幾個名次。極速奔馳、減速進站、停車維修、熱車再上路，每一輛賽車都必須找對自己最有利的節奏，做好編排有序的轉換過程，然後按照一定的規律前進，就是勝出的關鍵。

　　企業要在國際情勢詭譎多變、科技進展更迭不止、消費需求日新月異的環境裡勝出，也是同樣的道理：創新之道無他，求其「規律節奏，依時進展」而已。

允執厥中，執簡馭繁

　　從簡單規則的觀點去思考創新，很符合《尚書》裡的一段話，「人心惟危，道心惟微，惟精惟一，允執厥中。無稽之言，勿聽；弗詢之謀，勿庸。」原意是：舜在禪位時告誡大禹，現在人心危厲不安，道心又隱微難察，我殷切地期盼你能精誠專一，確確實實地執行中正之道，沒有根據驗證的話不要聽信，沒有徵詢過眾人意見的謀略不要採用。

　　「人心惟危，道心惟微」的概念應用在現今的企業管理，可衍生解釋為：消費者的喜好、市場競爭方式、產業的競合關係都可能混沌不明，很難具體察覺，因此唯有「惟精惟一」，專注在企業的核心價值，以及「允執厥中」，也就是要能同時真誠地保持不變，執行企業的中正之道。就像喬峰把降龍十八掌練到精熟，不管碰到的是毒震江湖的星宿老怪丁春秋，還是易筋經高手游坦之，也不管對方用什麼招式，就是直接使出降龍十八掌。

　　「惟精惟一，允執厥中」，就是一種「大道致簡」、「執簡馭繁」的方式，因為在面對複雜情勢時，謹守核心的價值，把握簡單的法則，就是最好的方式。

　　每次上餐廳點菜時，我都是應用「執簡馭繁」的概念，來降低出錯或踩到地雷的機率。特別是有一次到大陸出差，上餐館請同行友人與學生們吃飯時，面對那厚厚的菜單，我還真不知從何點起，這時把握一些簡單原則來點菜，就是最

好的方式。例如：多少人就點多少道菜，當有十人用餐時，就可以涼菜或點心、雞或鴨、豬或牛、海鮮或魚、青菜都各來兩份，最後炒飯、炒麵在各來一份，再加上餐廳招待的水果與甜點，這樣就能解決我的問題。另外儘量以「今日特價」、「主廚推薦」，或是「招牌菜」為考量，也是重點。這種作法，雖然不見得會搭配出最佳組合，但也一定不會太離譜。

　　有時在台灣招待外國訪客或友人上餐廳吃飯，都會需要點個葡萄酒，這時對於我這種「喝茶內行，喝酒外行」的人來說，「執簡馭繁」更能派上用場，就是把握「紅酒配紅肉，白酒配白肉」，酒單看不懂，或是一眼瞄過去，看到的都是天價時，就點「House Wine」，這是飯店所提供的價廉物美特色酒，一定可以不失禮節，做到賓主盡歡。

應用三種心法的投資策略

　　我們在第一章介紹的「能力」、第二章的「定位」以及本章的「簡則」，這三種不同的創新心法，也可用來指導股票投資。股票投資也是一種創新、變革活動，因為投資正確，有好的報酬，就可以改變大部分人眼前的生活。

　　能力創新是以自己專長為基礎，來思考發展的方向，所以「能力投資法」，就是只投資自己熟悉、專精，並樂於研究的股票。例如我就鎖定在高科技股，除了這是我的主要研究產業，也是因為我每年都有很多新竹科學園區的在職生，

他們對景氣的感受是第一線，我也比較容易得到第一手的正確資訊。

至於「定位投資法」，就是跟著大勢走的投資法，牛市進，熊市出。台幣漲，買內需股；台幣跌，買出口導向電子股。除了順勢而為，也要根據自己的實力，清楚地建立自己的持股部位，除了有高風險股，也要有防禦性類股，以應付市場變動，降低風險。

「簡則投資法」，就是既不傷腦筋去研究自己最有把握的股票，也不奢望可以正確判斷大勢所趨，打敗大盤，而只是根據幾個簡單法則，明確遵行，依時進展。「定期定額」就是一個法則，另外也可加入「只投資指數股票型基金（ETF）」、「只持有最多六種不同的股票」、「只買會穩定配息的股票，且報酬率必須高過三年期銀行定存」、「遇到重大意外事故，股市暴跌時，就酌量提高投資部位」，以及「獲利超過15 %，就停利再買」，這雖是一種懶人投資法，但長期下來，有時反而會有最穩定的報酬。

《一代宗師》vs. 創新心法

「能力」、「定位」、「簡則」三種創新心法，也恰可用來與電影《一代宗師》所介紹的三大武功派別：八極拳、八卦形意門、詠春，做個對照。

首先，電影裡張震所飾演的一線天，是個八極拳高手。八極的意義在於要將「頭、肩、肘、手、尾、胯、膝、足」

八個功能或應用發揮到極致。因為出手極快,對手幾乎來不及反應,所以一線天的武器剃刀有「千金難買一聲響」的美譽,強調的效果應該就像「小李飛刀,例不虛發」一樣。八極拳因為要求將體能跟潛能逼到八方的極致,與能力創新所強調的效率至上、唯快不破,剛好能夠相互呼應。換句話說,「不招不架,只是一下」,既適用於講解能力創新,也適用於闡述八極拳武術特色。

其次,將八卦門與形意門合併的宮寶森,所代表的武功派別則可拿來與「定位創新」相對照。在金樓以八卦掌為葉問試招的三姑:「八卦掌取法於刀術,單換掌是單刀、雙換掌是雙刀,步法一掰一扣,有六十四種變化,擅長偏門搶攻。」不管是「變化」或是「偏門」的技巧,都與定位創新的「避實擊虛」、「差異至上」概念相通。

另一場金樓試招的帳房先生領班:「形意拳霸道,千萬別輕敵,奉岳飛為祖師,半步崩拳,脫槍為拳,鑽、劈、橫、炮、崩。」這裡的「霸道」隱含的就是形意拳的「短打直進」、「直行直進」,與八卦掌的橫走有顯著差別。所謂「寧可一思進,莫在一思停」,就好像處在千軍萬馬之中,與金人對戰的岳家軍,只能直行直進,走亦打,打亦走。這種完全是以進攻為主,破敵為先的拳法,也與定位創新強調的克敵制勝、因機制變的想法或意旨相類似。

最後,講究「拳打中線」的詠春拳,對比的當然就是允執厥中的簡則創新。同樣是金樓試招一幕,使出洪拳的勇

哥,以輕佻的語氣對著葉問說:「人家宮家六十四手,千變萬化,你們詠春就三板斧,攤、膀、伏,你怎麼打啊?」唇角微揚的葉問自信地回說:「三板斧就夠你受的了!」就如槍術的「攔」、「拿」、「紮」,「攤手」、「膀手」、「伏手」是詠春的基本三式,代表兩人在對打的過程中,只要能掌握這三式要旨,再加上雙手並施,配合身形變化,就能發展出無窮無盡的招式。換句話說,「攤」、「膀」、「伏」就像是簡則創新裡強調能發展出無限可能的簡單規則。就如程咬金夢中學所會的三板斧*,或是也曾師承詠春門下的李小龍的截拳道,雖然手法不多,但卻是簡單直接,招招實用。

---

* 歷史小說中相傳唐代程咬金,在夢中曾受高人指點高超斧法,但醒來以後卻只記得三招,此後臨場對戰都只使出這三板斧,雖說招式簡單,但也都能屢建奇功,克敵致勝。

第 4 章

整合

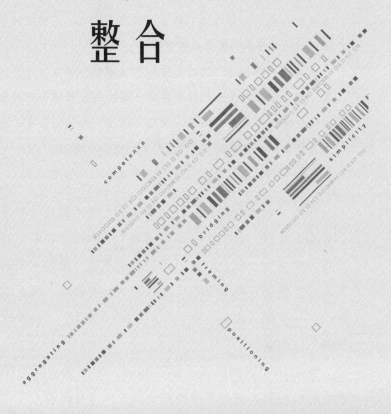

番人跑得快，漢人打擊強，日本人守備好，
這樣的球隊組合是求都求不來的。

——《KANO》

前三章，我分別介紹引導企業創新發展的三種「心法」：能力、定位、簡則。從本章開始，就進入「招式」篇，一樣會用三章的內容，分別介紹：整合、開放、賦名，三種可供企業選擇執行的具體創新策略與方案。

本章談整合創新，討論企業如何透過整合策略，追求創新成長。將介紹各式各樣的整合策略，從比較鬆散的合作到緊密結合的整併，分別是：協會、聯盟、授權、外包、合資、連鎖、垂直整合、水平整合，共八種形式的整合策略。

電影《蟲蟲危機》（*A Bug's Life*）裡，講述一群長期受到欺壓的螞蟻，最後決定團結起來，挑戰每季均要向蚱蜢進貢糧食的習俗。整合創新，就是訴求團結力量大，透過業內的合作，資源交換，來對抗既有的規範與限制，甚至改寫遊戲規則。就像《蟲蟲危機》裡的「螞蟻雄兵」，改變蚱蜢與螞蟻的主僕關係。

整合講究集腋成裘、眾志成城，相對應的就是獨立操作、各自發展，前者是靠團隊合作，後者是靠個人。在創新與變革的領域裡，不見得一定是哪種最好，但是「獨木難撐大局」，能夠分散風險、積少成多，產生群聚效應與發揮跨界力量的整合策略，常是較好的選擇。

秦朝末年，各地起兵抗秦的軍隊所選擇的突圍、壯大或成長模式，基本上可分為「自行擴張」和「整合發展」兩種類型。最早的革命先鋒陳勝，起兵不久後就自立為陳王，

其他採類似作法的還有齊王、趙王、燕王、魏王，都是走自立為王、獨立擴張的革命路線。自行稱王，報酬最好，但風險也高，幾乎所有早早稱王者，都很快被殺；陳勝為王，六個月後就兵敗被殺，其他稱王者也都神氣不了多久。樹大招風，槍打出頭鳥，這些率先稱王的人既沒有「先行者優勢」，也很難跨越「死亡之谷」。

另外的反秦戰略則靠整合各方資源或勢力，例如改立戰國時期被秦消滅的六國王族後裔來當王，項梁就立楚懷王的孫子為王。另一個整合戰略則是加盟連鎖，例如劉邦先投奔陳勝部下所立的楚國王族後裔景駒。景駒被殺後，劉邦再加盟項梁陣營，然後借用項梁的資源，收復劉邦的大本營豐邑。相對於自立為王，不管是改立他人為王或加盟連鎖的大整合戰略，事後證明都是最長久可行。

來到楚漢相爭末期，項羽和劉邦的戰略則是更明顯的對比。力可舉鼎的項羽，個人能力雖強，但不重視培養手下其他將領獨當一面的能力，也沒能跟天下諸侯形成聯盟關係。相對而言，劉邦採納張良的「益諸侯地，並厚賜之」的策略，拉攏實力強大的各地諸侯與將領，包括韓信、彭越、英布、張耳等，加入他的「反項同盟」，湊成近60萬大軍，終在垓下一役，形成十面埋伏，加上四面楚歌，一舉殲滅項羽的10萬將士。劉邦在事後評論他的勝利時說到：「夫運籌策帷帳之中，決勝於千里之外，吾不如子房。鎮國家，撫百姓，給餽饟，不絕糧道，吾不如蕭何。連百萬之軍，戰必

勝，攻必取，吾不如韓信。此三者，皆人傑也，吾能用之，此吾所以取天下也。項羽有一范增而不能用，此其所以為我擒也。」

換句話說，劉邦之得天下，靠的是整合戰略，項羽之失天下，就因過於倚賴一己之力。劉邦的演出就像是「弦樂四重奏」，而項羽則是「鋼琴獨奏」，雖然各有其美感與樂趣，但說起舞臺震撼效果，還是合奏容易勝出。

同樣的，創新者要改變的通常是已深植的習慣、價值觀與實務，在變革的過程也須面對不同利益所代表的挑戰，單一個體或組織常會有「心有餘而力不足」的情況，所以必須發展新的產業關係，藉由新的合作關係或集體載具，包括：協會、聯盟、授權、外包、合資、連鎖、垂直整合、水平整合等方式，來改變環境與追求創新。例如：歐盟17國聯合發行歐元，挑戰美元的全球獨占地位；航空聯盟，讓航空公司可以突破各國政府設定的航權限制，擴展影響力；松下（Panasonic）透過授權廠商製造VHS，成功打贏與索尼的Beta-Max規格戰；因為可將IC的生產外包給晶圓代工廠，IC設計公司便可專心創新研發；1980年代晚期，IBM與東芝（Toshiba）合資成立DTI，成功量產大型平面顯示器面板；透過無遠弗屆連鎖方式經營的7-ELEVEn，建立難以超越的規模經濟與品牌優勢；蘋果藉由併購「FingerWorks」，取得多點觸控技術產品，而得以推出iPhone這項革命性產品。這些都是透過不同的方式，整合產業中其他參與者，達到制度

變革與成功創新的例子。

　　曾經享譽全球的華人創業典範王安電腦，在1980年代初期，曾有機會和剛發展出麥金塔（Macintosh）系統的蘋果電腦合作，以結合王安的文字處理機和蘋果的圖表使用介面，進而挑戰IBM的個人電腦標準。但由於質疑蘋果的未來發展，以及過於相信自己的技術地位，王安決定自行發展自有的產品，一步錯，全盤皆輸，王安最後就從市場消失。

　　前蘇聯作家馬克西姆‧高爾基（Maxim Gorky）名言：「你的鐘聲只有在齊鳴時才能聽見，在單獨鳴響時，只會淹沒在那些舊鐘的一片響聲裡。」

　　《射鵰英雄傳》裡記載全真教中最上乘的玄門功夫「天罡北斗陣」，由王重陽所創，可聯合全真七子的力量，對付西毒歐陽鋒；《倚天屠龍記》裡由張三豐創立出的「真武七截陣」，「到得七人齊施，猶如六十四位當世一流高手同時出手」，以上這兩套陣法都是整合創新的具體表現。

　　有一次我跟群聯電子的創辦人潘建成聊天，他就談到創業要能成功，最重要的就是靠大家整合在一起的力量。所謂「獨腳難走，孤掌難鳴」、「兄弟同心，其力斷金」、「三個臭皮匠，勝過一個諸葛亮」，但到底幾個創業夥伴才是最佳組合，潘建成有個妙解：「創辦一家公司，五個人最好。因為若是四人，投票很容易僵持不下。若是三個人，二個人打架，另外一人拉不開，若是七個人，根據中國人的習慣，就會搞成三個派系。」群聯電子的公司英文名Phison，也就

是「five persons」。證諸他的經驗,似乎如此,宏碁的創辦人也是五位:施振榮、邰中和、林家和、黃少華與葉紫華。上課的分組討論,我也最喜歡五人一組,覺得這樣的組合效果最好。有趣的是,在中國古代文化裡,「五」是滿掌之數,古人「掐指一算」,就是到五的滿掌為止,所以五具有「圓滿」、「具備」的意思,這雖然是「奇門遁甲」,但用在創業的團隊組合,也頗得實務的支持。

協會

在企業界,只要是有很突破的新技術、產品或是應用被開發出來,就會看到有帶頭大哥站出來,推動成立某某協會,整合大家的力量來推廣這個產業。正所謂「一個巴掌拍不響,眾人鼓掌聲震天」,藉由協會的群體影響力,可以讓新產業、新技術或新作法被大家接受。例如,汽車剛問世時不易被大眾接受,許多汽車愛好人士就聚在一起成立俱樂部,甚至協會,來合作宣導新科技,美國汽車協會(American Automobile Association, AAA)就在這樣的氛圍與情況下於1902年3月成立。

其他還包括:1927年成立的美國電影藝術與科學學會(The Academy of Motion Picture Arts and Sciences),最初只有36名成員,目標是為了推動電影產業,促進影藝工作者相互合作。1996年,我擔任國科會管理一學門召集人時,所推動成立的「台灣組織與管理學會」(Taiwan Academy of Management, TAOM），目的就是希望在「虛偽造假」、「重量不重質」、「拉幫結派」、「關起門來做皇帝」的學界氛圍下，開出一條光明大道，讓高水準的學術研究成為管理領域所認可的主流文化。台灣的管理學術發展，在過去10年多來，有煥然一新、令人刮目相看的表現，台灣組織與管理學會扮演重要的角色。

民國初年，陳公哲、陳鐵生等人響應同盟會會員陳其美的提議，創辦「精武體操會」（後來發展為「精武體育會」，電影《精武門》就是以此為背景所發展的虛構故事），邀請霍元甲擔任教頭，這也可以理解成一種協會組織。精武體操會成立的目的，是希望能在短期內訓練出有強健體魄，又有軍事技能的青年，進而可以投身救亡圖存運動，因為中國人不是「東亞病夫」，且「革命尚未成功，同志仍須努力」，融合各派武術名家於一堂，聯合愛國青年加入武術協會，後來也促發「全國武術協會」的創立，就是創新變革的具體實踐。

宋太祖趙匡胤發動陳橋兵變，建立大宋的最基本武裝力量之一，就是以他為首的「義社十兄弟」。雖說是結拜兄弟，但也有親疏遠近的差異，如直接參與陳橋兵變、成為開國功臣的的石守信、王審琦、韓重贇等人，就是「死忠兼換帖」的兄弟。義社十兄弟，就是一種自願組織起來的「革命兄弟協會」。

Intel Inside

透過組成協會的方式來改變既有的體制，也可以是一種鬆散、非正式的方式呈現。以英特爾的「Intel Inside」專案為例，它就是號召個人電腦廠商所形成的非正式協會，藉以改變微處理器市場的買賣行為。

早期個人電腦的微處理器包括286、386、486，每一代都叫86，沒有正式的品牌名稱，當英特爾的競爭對手AMD、Cyrix說他們也是生產86時，英特爾就很難獲得品牌利益。自1991年開始，英特爾不再行銷86，而改推廣自己的品牌，「Pentium」，並提供5%的折扣，給願意在電腦外包裝上貼個「Intel Inside」標籤的電腦客戶，進而形成一個全球性的整合行銷計畫。漸漸的，所有市場上的個人電腦廠商，包括IBM、康百克、戴爾、惠普、宏碁，也都慢慢的加上了「Intel Inside」標籤，甚至有一段時間惠普還展開了「Intel inside, HP outside」的行銷計畫（雖說時至今天，HP真的是在個人電腦產業outside了！）。

尤努斯創設「鄉村銀行」

跟「Intel Inside」的推廣類似，由諾貝爾和平獎得主穆罕默德‧尤努斯（Muhammad Yunus）於1976年在孟加拉所創建的葛拉敏銀行（Grameen Bank），也是以聯合許多的小眾形成類協會組織方式，來突破制度習俗與市場限制。

「Grameen」中文意思為「鄉村的」，所以也有人稱之為「鄉村銀行」，有時也稱「窮人銀行」。

尤努斯曾回憶他創辦葛拉敏銀行的源起。1976年某日，尤努斯和他的同事走訪他工作所在吉大港大學附近的貧窮村落，看到21歲、有三個小孩的婦女蘇菲亞熟練地用竹片編凳子。她沒有錢買竹片，也不可能從銀行取得貸款，因此只好轉向高利貸業者。她依照約定，每天從大盤商手中獲得5塔卡的貸款用於購買竹子，再把每天編好的凳子，以5.5塔卡賣回給大盤商，等於每天只能獲得0.5塔卡、約新台幣6.6角的收入。在孟加拉，像大盤商這種地下錢莊，放貸對象都是極需用錢、貧窮無助的家庭，所收取的利息高達一週10%，甚至有時一天就要10%。蘇菲亞每天不到台幣1元的微薄收入，使她和孩子陷入一種難以擺脫的貧困循環。

孟加拉的銀行不喜歡借錢給窮人，原因很容易理解，因為無法取得擔保品，但很特別的是，他們也不喜歡借錢給婦女，即便是收入很高或有穩定收入的婦女，也沒有辦法向銀行貸款。但對於像孟加拉這樣的開發中國家，借錢給家庭婦女是改善社會貧窮很重要的管道，原因在於母親會比較有強烈動機，把借來的錢拿出部分用於教育，嘉惠自己的子女，改善下一代的生活。

尤努斯開始嘗試說服一些銀行家，向窮人提供無需抵押的貸款，但過程並不順利，他因此就跳下來擔任擔保人，借錢給窮人，初期改善了約五百名窮人的生活。尤努斯繼續不

斷地遊說孟加拉中央銀行採行他的提議，1979年，央行終於答應開辦葛拉敏小額信貸項目，一開始先小規模試行，再慢慢擴大，過程出奇順利。1983年，葛拉敏銀行成立為獨立法人機構，以更快的速度發展壯大。

葛拉敏銀行的發展初期，業務重心都放在婦女身上。為了確保還款，銀行使用「團結組」系統，小組內的成員互為貸款保證人，互相監督合作來改善彼此的生活。2003年底，鄉村銀行還推出新的貸款方案，免息借錢給乞丐，讓乞丐能夠在行乞的時候，還能夠挨家挨戶兜售一些商品，讓他們過有尊嚴的生活，減低專業乞丐的數目。

尤努斯整合受壓迫的平民力量，以小額信貸的方式幫助無數窮人擺脫貧窮，就是一種整合創新的具體實踐。

鄉村銀行就像是丐幫的打狗陣，尤努斯是丐幫幫主。相對的，「Intel Inside」就像是少林羅漢陣，每個參與其中的都是個人電腦大廠，就像已經是武功高強的十八羅漢，而Intel就是少林寺方丈兼帶頭大哥。不管是哪種陣法，都是可發揮團結的力量，以弱克強，以百擋一的功效。

就像《詩經‧秦風‧無衣》：「豈曰無衣？與子同袍。王于興師，修我戈矛，與子同仇！」意思是：怎麼會說沒有衣裳呢？我願與你披同樣的戰袍。國君要出兵作戰，且修整我們的戈與矛，我們面對的是共同的敵人！

互助進化

　　「物競天擇，適者生存」（survival of the fittest）是達爾文主義的核心思想，在面對資源稀少與極端氣候環境下，物種之間透過相互競爭的方式來確保生存，並以「天擇」的機制選出優勢種族。達爾文進化論中自然選擇的思想，後來被引申應用於解釋人類社會的發展，形成社會達爾文主義。始創者之一，英國哲學家赫伯特·史賓賽（Herbert Spencer）認為，適者生存，不僅表現在生物學，而且也發生在人類或文明之間的競爭，相互競爭，自然演化，就是社會進步的原動力。

　　《互助論》（*Mutual Aid*）一書作者克魯泡特金（Kropotkin），提出完全不同於達爾文主義「物競天擇」的互助進化觀，他認為人類只需靠著互助的本能，不須「大有為的政府」，就可以建立一個和諧繁榮的社會。換句話說，文明的社會既不存在永不休止的競爭原則，也不須借助權威和強制力量來維持秩序。互助的功能在物種面對生存危機時，更會自動發揮出它的功效[3]。

　　例如，面對像是西伯利亞的惡劣環境，生物該如何生存與繁衍？如果從物競天擇的觀點，生物面對極端的氣候與稀少的資源，必須互相競爭以求能夠活下去。但實際上，克魯泡特金觀察西伯利亞的生物活動後，發現其實互助的機制才是真正使得西伯利亞生物得以存活與繁衍的關鍵。

　　克魯泡特金在他的書中列舉幾個經典例子。當飽食的螞蟻發現群體中有受餓的夥伴時，會吐出自己食道前半段的食物，濃縮成一滴營養液給對方吃。鵜鶘是一種笨重的鳥類，主要食物為河中的魚，如果鵜鶘採取個別競爭，將難以生存，所以牠們發展出一套互助系統，牠們沿著河岸排成一個半圓形的輪廓，並逐漸往河岸靠攏，半圓的面積逐漸縮小，且半圓中的魚不斷向河岸靠攏，最終這些魚成為囊中之物、甕中之鱉。動物學家埃克曼（J. P. Eckermann）意外將兩隻幼小的戴菊鳥放出籠子，最後卻在知更鳥的巢中發現，且知更鳥正在餵哺這兩隻嗷嗷待哺的戴菊鳥，不同種類的鳥，某些優勢鳥會出現幫忙餵養幼鳥。

　　荀子有言：「人之所以異於禽獸者，以其能群也。」但克魯泡特金的研究證實，群體行為也見諸於動物，「群學」也可以是另一種形式的動物科學。人雖然處在生物鏈的頂端，不必然就獨立於動物世界的存在與規範。

　　孟加拉葛拉敏銀行的案例，頗能呼應互助的進化觀點。跟鄉村銀行類似透過相互協助突破困境的例子，還包括台灣早年盛行的民間標會共同對抗保守的政府金融、勞工團體或工會組織對抗資本家，以及近年來各國一起通力合作對抗SARS、伊波拉等新興傳染病的蔓延。

聯盟

　　聯盟是企業追求整合創新、突破限制，最普遍也是容易

的方式 ₄。傳統台灣產業因為以家族企業為主，聯姻或許常見，但聯盟並不是喜好獨立自主的家族成員會追求的手段。隨著高科技產業的發展，因為知識密集與技術門檻較高的緣故，遂變得非常普遍。

1990年，工研院聯合國內47家廠商所成立的「筆記型電腦聯盟」，應該算是台灣最早的產業聯盟之一。由於筆記型電腦的系統規格較封閉，技術要求較高，並不像桌上型電腦一般的開放架構，可以讓台灣的中小企業很快地切入。集合眾人之力，以聯盟的方式來開發筆電，可以克服各家資本與技術的限制，為台灣日後筆記型電腦產業的發展與茁壯，建立優良的基礎。

數位影音格式

2003到2008年，索尼與東芝為了掌控所謂的「下一代的影像格式」，進行了一場聯盟間的對抗。索尼的技術稱為藍光（Blu-ray），獲得松下、飛利浦、日立（Hitachi）以及其他公司的聯合支持。東芝的技術稱為高畫質數位元影像格式（HD-DVD），則是得到「DVD論壇」的支持。

索尼有自己的索尼影業、迪士尼、美國新聞集團的20世紀福斯電影公司，以及獅門娛樂公司的支持。東芝也整合許多好萊塢製片廠，包括時代華納電影公司的華納兄弟、Viacom集團的派拉蒙影業與夢工廠動畫公司，以及國家廣播環球影業集團的環球影業。雙方都使用電視遊樂器來推銷其

標準格式；索尼的PlayStation 3就是使用藍光的元件，而HD-DVD則是由微軟的Xbox360做為外接附加元件。

不過，就在2008年1月初，時代華納電影公司於拉斯維加斯舉行的消費性電子展前夕宣布脫離HD-DVD陣營，往後只支持藍光做為其影碟格式。此舉在零售商間引發連鎖效應，使得許多美國大型連鎖零售商如百思買、沃爾瑪百貨及線上影碟商店耐飛利（Netflix），都決定將專賣藍光DVD。最後，在2008年2月19日，東芝的社長西田厚聰（Atsutoshi Nishida）公開坦承失敗，並宣布東芝將停止生產與販售HD-DVD播放機與相關零組件。

然而，索尼的藍光勝利之歌可能會很短暫。2008年9月12日，包括英特爾及惠普在內的科技重量級國際財團聲稱，將與好萊塢合作開發可以快速且便捷下載電影的標準格式。假如消費者可以從網路快速又簡易地下載高品質電影，將會愈來愈難說服消費者花更多錢買藍光播放機。

授權

企業也可經由授權給他人，一起創造新的產業標準或遊戲規則。當年松下採用授權策略，讓VHS得以擊敗索尼的Beta技術，就是經典的案例。

在伊恩‧弗萊明（Ian Lancaster Fleming）的小說世界裡，英國女皇授權給007以及其他的00特務，讓他們擁有殺人執照（License to Kill），以便維持世界和平。各國總統或

領導人，也會授權予駐外大使或談判代表，讓他們協助擴展外交關係或是增進本國經濟利益。尚方寶劍、令旗印信、官辦民營，也都是另類的授權。安迪・沃荷（Andy Warhol）利用大量授權、複製的方式，來行銷與推廣他的作品，提高作品的可見度，也是使其因而成為普普藝術代表作家原因之一。君權神授，說的是天子的統治地位來自上天的派遣、授權，所以可以「使之主祭，而百神享之」。天主教的教宗，是耶穌基督在當今世上的正式授權代表，幫忙領導教會、傳播信仰。授權，用在推廣創新變革，既是前鋒部隊，也是變身分身。

電視遊戲機

電視遊戲機業者，也常須透過授權給第三方的遊戲開發玩家，讓他們一起為新的遊戲主機打天下。電視機遊戲與個人電腦這兩個行業看乎類似，其實又有根本的不同。首先，個人電腦的作業系統商微軟，主要收入來源為向各家個人電腦公司收取50美元Windows OS授權金，對於開發Windows OS相容系統廠商，微軟不收取費用。至於硬體廠商，則主要靠出售個人電腦所得。但在電視遊戲機廠商的收入來源方面，則包括出售自行開發遊戲軟體，與對第三方遊戲開發商收取權利金。遊戲機本身則大都沒有賺錢，甚至是賠錢在賣。

其次，個人電腦產業為硬體與軟體分開。電視遊戲機則

為硬體與軟體整合在一起，遊戲大廠自己生產主機，也會自行開發軟體。因為產業特性不同，微軟不會與所授權使用作業系統的廠商發展特定的組織間關係，但對於任天堂、索尼遊戲機大廠而言，如何管理好協力廠商遊戲商，卻一直是他們最大的挑戰。例如，任天堂的Wii就因為無法吸引更多的第三方加入它的陣營，而陷入成長困境。

外包

外包，也可以是一種聯合他人，一起改變現狀、突圍創新的方式。電話呼叫中心（call center），可說是大家最熟悉的外包模式。日本許多秘書的工作，漸漸由機器人取代，則是改變產業活動的最新外包現象。外包的經濟效應，可從杜邦方程式的分析看出，基本上就是藉由降低總資產，來提升資產周轉率與股東權益報酬率。

外包既可以是經理人的整合策略之一，也可以是生活中常見的創新作為。舉例來說，一位老師在學校上課的時候，讓同學來進行簡報，每個人上臺分享五分鐘，這堂課就結束了。將上課的內容外包給學生，學生也做得很高興，改變了老師單向上課的無聊氣氛，這種形式不就是外包式創新教學嗎？

有一年，我們全家去印尼峇里島的地中海俱樂部度假，晚飯過後，和家人一起觀看晚會表演，忽然，演員把我請上臺。於是我由觀眾變成演員，跟大家一起表演節目，逗得觀

眾哈哈笑。可以說我是從消費的顧客，轉身一變成為節目的外包演員。同樣道理，餐廳附設的卡拉OK也是一種外包，你去餐廳吃飯還要自己上臺唱歌，可是大家都很高興這麼做，這不就是餐廳把娛樂外包給消費者嗎？

在美國搭飛機，已經明顯感覺得到，航空公司都不喜歡幫旅客托運行李，而是希望旅客自己提上飛機。讓你自己把行李提上飛機，等於是航空公司把它該做的事情分給你去做，也就是把消費者變身為外包商。不管消費者喜不喜歡，至少對航空公司而言，都能達到降低資產規模，提高營運效率的目的。

外包，也可以是一門好生意，福委會公司就是一個讓我印象深刻的案例。一般大企業都設有福利委員會，有些員工平常上班以外，還要兼福委會的委員工作，舉辦很多活動和聯誼，很辛苦，而且因為不專業，也做得不好。福委會公司因此而成立，他們代為執行各大企業中所有有關福委會該做的事，例如，幫企業去跟各百貨公司商談禮券價格，幫企業簽訂特約廠商，或是幫企業舉辦親子日等活動。

蘋果的生態系統

蘋果整個生態系統的建立，就是靠一大群外包廠商所建構起來的。不管是Mac電腦還是iPhone，蘋果的產品主要來自全世界十幾家科技公司的供應，包括：LG提供液晶顯示面板、富士康負責代工、三星供應記憶體和其他元件、Intel

負責中央處理器、NVIDIA提供圖形處理器、Broadcom提供Wi-Fi晶片、Infineon供應baseband chips、ARM負責處理器架構設計、Seagate供應固態硬碟。

以前企業間的競爭，都是「點對點」的對抗，只要把自己的公司經營好。慢慢的，演進到一條供應鏈對抗另一條供應鏈，是「線對線」的競爭。最近，更是發展到「面對面」的競爭，就像小米機的網路社群經營策略，強調用戶體驗至上。總而言之，現今企業間的競爭，已經不再只是「一個人的武林」，而是打群架，面對的都是「十面埋伏」。

從「點對點」，到「線對線」，再進化到「面對面」這個過程，也像是人類的戰爭演變史。早期的氏族社會，戰爭就是部落間的對抗，既沒有軍隊組織，也缺乏明確的指揮系統，打仗大多是一擁而上，找個對手，就開始單挑，這就是「點對點」的對抗。

隨著歷史的發展，君主封建制度成形，開始編製有組織的軍隊，並且採用一定的隊形，「一字長蛇陣」就此誕生。長蛇陣出動時，一字排開，就像是一隻大蟒蛇，首尾兼顧，運轉有序。就像是跨國供應鏈運作，講究快速反應，協調一致，這是「線對線」的競爭。

到了近代，隨著武器的進步，戰爭型態大不同，更為講究的是「三分軍事，七分政治」，戰略受到更多重視，陣法處在次要的位置。不管是對付編織嚴密的重兵強攻，或是應付突如其來的恐怖攻擊，都已經進入「面對面」的全面戰爭

時代。

網路銀行

企業將業務委託外包商，就是一種整合創新，這對於外包商而言，代表的就是商機。成功從製造業轉型為服務業的IBM，為企業提供各種解決方案，就是一家擅長開發銀行業外包商機的公司。

舉例來說，現在仍有一些商業銀行，在使用它們的網路銀行時，就只能透過微軟的Internet Explorer（IE）瀏覽器，但事實上，IE瀏覽器的市占率早已低於50%。為了符合消費者的需求，理論上，銀行必須根據不同的瀏覽器開發客製化的系統應用；換句話說，有四個瀏覽器，銀行就必須開發四套「接收系統」，這對銀行業是個困擾，因為它們的專長不在資訊。2010年，台灣的IBM就曾針對這項需求，開發出一套解決方案，幫忙進行資訊整合，讓客戶不管是從Chrome、IE、Firefox、Safari等各種管道進來，全都導引到一個虛擬的地方，再統一進入銀行的系統。

台積電，台灣最成功的外包廠商

雖說外包廠商很難成為產業舞臺的主角，但台積電堪稱台灣最成功的外包廠商，並明顯改變這個遊戲規則。

傳統IC產業的主流是「整合元件廠」（integrated device manufacturer, IDM），是一種整合、設計、製造全包的生產

模式。不過，台積電董事長張忠謀卻打破常規，創造出一個新的商業模式。張忠謀先生認為，半導體是一個很複雜的技術，牽扯到很多的知識與能力，一家公司要能夠同時懂設計、製造是非常困難的，像這麼複雜的技術，我們可不可能切開它的價值鏈，讓有些公司專門做設計、有些公司專門做製造，就像個人電腦一樣，軟體公司不做硬體，硬體公司不寫軟體。

因此，張忠謀創造出專業的晶圓代工廠台積電。因為幫顧客生產的都是最先進的產品，接觸的都是最新研發出來的技術，贏得顧客的信任，便是台積電經營的重要基石之一。張忠謀強調，台積電的哲學就是「把客戶當成夥伴，對客戶的態度，是寧可他負我，不是我負他。」跟曹操「寧使我負天下人，不使天下人負我」剛好相反。

有了晶圓代工，很多IC設計公司就像雨後春筍般冒了出來，因為這些設計公司，不需要有自己的晶圓廠，也能夠幫蘋果、三星、諾基亞、索尼、惠普等世界知名的企業夥伴來設計成品。

外包的問題

外包最大的問題，就是有可能會慢慢喪失一些重要的能力。例如，如果老師上課都是交由學生報告，自己就會漸漸喪失講課的能力。多年來，戴爾（Dell）把電腦組裝設計外包給華碩（Asus），但有一天，華碩決定自立門戶，戴爾這

才如夢初醒，驚覺自己不只多了一個競爭對手，也喪失了核心的製造、研發能力。

一年客服費用支出上百億的宏達電，為了降低成本，大幅將手機維修委託專業外包商。這除了造成管理上的困難，以及維修品質無法完全掌握外，也讓宏達電無法更全面了解市場的脈動與需求的變化，以因應未來新產品設計所需。換句話說，掌握通路、經營顧客關係、蒐集使用者回饋等，都是提升手機產品價值的重要關鍵，但這些都不是增加維修外包商數量或是減少自有維修中心可以做到的。

合資

合資，就是入股集資。現代公司的出現，使陌生人之間的合作成為可能，就是一種改變工業組織的合資創新。西元1600年底，「英國東印度公司」得到英國皇家的貿易特許權而成立，這也是全世界第一家有限責任公司，「有限責任」改變自古以來「欠債還錢」的傳統，為海外探險家提供沒有後顧之憂的保障。相較於英國東印度公司只由特定少數人集資而成，隨後成立的「荷蘭東印度公司」，除了發起人外，更對廣大的市民發行股票，就像現今的公開上市，實質上成為史上第一家上市公司。

現代企業管理常見的合資，一般都指由兩家或兩家以上公司共同投入資本所成立的企業，例如：索尼與愛立信合作的「索尼愛立信」，樂金與飛利浦合作的「樂金飛利浦」，

頂新、霖園、正崴、金仁寶、中信五大集團合資成立的「台灣之星移動電信」。合資企業可以資源共用、資訊互通、風險分攤，突破個別公司原有技術所限，開闊新的領域。「婚姻」、「網路團購」、「集資買樂透」則都是生活裡常見的合資行為。

達能與娃哈哈的糾紛

合資可以有效達成資源互補、風險分散，但就像婚姻有所謂「七年之癢」，合資案要能夠維持超過五年以上就不容易。特別是低開發或開發中國家的合資案，這與法規不成熟以及市場變化太快都有關係。達能（Danone）與娃哈哈的合資糾紛，就是著名的案例。

1996年達能與娃哈哈在中國成立合資公司，達能占51%股份，娃哈哈占49%股份。雙方合作多年來，獲利良好。2006年開始，達能發現，娃哈哈集團旗下的非合資公司，採用「娃哈哈」商標推出產品，不斷壯大發展，達能認為，這些非合資公司傷害到合資公司原本可取得的市場和利潤，因此要求收購非合資公司51%的股權。娃哈哈集團董事長宗慶後拒絕達能的要求，達能因此在國內外發起全面訴訟，但最終以達能的敗訴而告終。2009年9月30日，達能宣布將其51%持股全數出售給娃哈哈。

在達娃之爭爆發初期，宗慶後為了取得主導權，還學習毛澤東的鬥爭手法，鼓動員工去批鬥法國企業 5。「強龍不

壓地頭蛇」，西方的契約精神終究敵不過中國的民族意識，
達能的退出早就有跡可循。

連鎖

　　建立大型企業實體網的連鎖方式，也是常見的整合創新
方式。印度的連鎖藥局「守護者」，就是一個典型案例。像
印度這樣的地方藥局，如果能展開連鎖的力量，基本上就比
較能夠克服大家害怕買到贗品的心理障礙。在印度有四成的
藥是假藥，如果生病要購買藥物，最好找一家知名的連鎖藥
局，如此所買的藥品比較有保障。連鎖是一種很大的力量，
為印度的消費者提供信賴的產品來源，也為醫藥廠商打開銷
售的管道。

　　宏碁能在競爭激烈的國際電腦市場中、從戴爾的直銷
模式中，突圍而出，靠的也是與經銷商合作，所建立的連鎖
經營體系。台灣的產業結構90%以上由中小企業組成，所以
連鎖加盟業也非常發達，2014年底，已有超過兩千個連鎖品
牌，密度高居世界第一。

中國第一家票號：日昇昌

　　企業可經由連鎖店的設計方式，改變原有產業規範與習
俗，開創嶄新的經營模式。中國傳統票號的誕生，也就是如
此。

　　中國第一家票號是位於山西平遙古城的日昇昌。在日昇

昌創立之前,人們出門辦事,都得親自帶著銀子上路,既危險又辛苦。有了日昇昌這樣的連鎖票號,人們出遠門就可輕裝便行,簡單多了。

當然,要能平地起高樓,在諸多的制度規範與社會習慣制約下,建立一個全新的金融機構,有很多的問題必須克服。特別是票號做的是銀兩匯兌生意,這種生意就是在甲地存錢,然後憑著一張匯票,到了乙地再把錢領出來。對於現代社會而言,這樣做沒什麼太大問題,因為貨幣是由中央銀行統一印製,全國各地使用起來都一樣,但在清代卻是個難題,原因是當時流行的貨幣,有銅錢、有銀兩,各地對銅錢與銀兩的重量和成色標準都不相同。

為了做到「匯通天下」,日昇昌的創辦人雷履泰想出「平色餘利」的作法:採用不同匯率確保各地銀兩成色的平均,稱為「平色」,平色匯兌後讓票號取得的盈餘,稱為「餘利」。以現代銀行業的行話來說,這就是俗稱的套利業務(arbitrage)。「平色餘利」的商業模式,讓票號這個當時的金融創新,能夠以連鎖商號的方式,順利開展,進而改變人們交易的方式。

全球最佳的連鎖企業

2013年9月底,美國有線電視新聞網(CNN)旅遊網站,曾經選出對遊客而言,全球最佳的連鎖商店或企業,排名第一的是在美國起家的7-ELEVEn,而台灣之光鼎泰豐名

列第二。其餘依次是：麥當勞、星巴克、四季飯店、摩斯漢堡、無印良品、肯德基炸雞、宜家家居、墨西哥的兒童遊樂場KidZania。

跨國連鎖店讓寂寞的旅人，在異鄉的國度，有個熟悉的去處與休息站。記得我還在歐洲念書時，第一次去法國香榭大道遊玩時，中午的用餐地點就是位於靠近凱旋門的麥當勞。2007年，我在牛津大學進修時，常常光顧的一家拉麵店Wagamama，也是著名的連鎖商號。連鎖店的經營，代表一致性與可預期性，降低消費者購買的不確定性，也就是降低買賣兩方的交易成本，是跨國企業突破地域限制，開疆闢土的重要運作模式。

7-ELEVEn帶來生活便利

大家最熟悉的案例，莫過於從美國起家的7-ELEVEn。7-ELEVEn目前在全美已超過八千家，在日本更超過一萬六千家，而台灣也有近五千家，隨處可見。當然，包括7-ELEVEn在內的便利商店，在台灣之所以密度特別高，重要的原因之一就是：台灣的水電費很便宜，因此造就了許多24小時燈火通明的便利商店。

現在如果在台北市區內還須走兩個街口，才能看得到7-ELEVEn，大家一定覺得很難接受。我們學院一位住在台北的資深教授就曾對我說，他現在的午餐都在7-ELEVEn解決，因為他常常不知道要去哪裡吃飯，店家的品質也不穩

定，再加上有時候中午很忙，於是就找一家7-ELEVEn進去吃個便當。因為他已經很熟悉商品的擺放位置，知道到哪邊去拿什麼食品，很方便。

熟悉這件事情，意味著品牌所發揮的效應，讓你在很多地方都可以看得到同樣的東西，而這也意味著降低交易成本，消除資訊不對稱。

連鎖所產生的規模效應，既能降低成本，也能創造價值。例如立榮航空很早就發覺旅行社不是很願意單獨販售它們的國內線機票，因為利潤太低，而且也很難跟旅遊包裝一起販售，這個情況在台灣本島還好，但對於住在澎湖、金門等離島地區的民眾，可就是個大問題。2010年9月開始，立榮航空與遍布全台、遠達離島地區的7-ELEVEn合作，讓旅客可以在ibon購買國內線機票。立榮航空寫了一百二十多個程式，才搞定這個購票系統，可是此後整個電子營收的成長卻達20%之多。

垂直整合

企業也可更積極地透過垂直整合、「自做自售」，來追求改變與創新。譬如蘋果往上整合到上游產業，自己設計A6處理器，並往下整合作App Store與Apple Store，開創自己可以掌控的電腦王國。

台灣網路家庭董事長詹宏志，有一次到清華大學演講，談到在PChome網站上什麼東西都買得到，你明天需要的東

西只要上網購買，隔天就會送來，大台北地區更保證6個小時送到，新竹雖然比較遠一點，也保證有24小時送貨服務，如果24小時內沒送達，就賠客戶貨款。這讓我想到一位住在台北的朋友，住家位在很難找的偏遠地區，只要是颱風天他就會打電話訂Pizza Hut，因為送貨工讀生永遠都無法準時送達，所以他都吃免費的比薩。

詹宏志談到他最擔心的一件事情，便是如果哪一天App Store不只賣程式，什麼都賣時怎麼辦？儘管從App Store變成百貨公司還需要成長空間，但這並非不可能的事。

韓國現代汽車

在過去幾年裡，我們都知道日本車與美國車紛紛出現問題，像是豐田汽車的暴衝事件，還有美國汽車受到金融海嘯衝擊，所以表現得不是很好。但反觀這幾年的韓國汽車，卻表現得很不錯，我記得在七、八年前，台灣市場上很少看到韓國汽車，現在則變得較為普遍，而且因為現代汽車有自己的鋼鐵廠，所以當鋼鐵原物料價格上漲的時候，現代汽車就會擁有優勢，除了可以掌握品質與價格，也有機會開發更輕、更好的材料。

以「組織」取代「市場」

根據交易成本理論觀點，垂直整合就是要以「組織」取代「市場」，也就是將交易行為限縮在組織治理範圍內，以

便將可能的交易成本降到最低。

　　舉個例子，有一次我參加聯電董事長洪嘉聰做東的餐敘，地點選在吉品海鮮餐廳。吉品前身是新同樂，因為經營出現問題，後來由洪董事長與幾位科技界的朋友共同出資頂下。想當然爾，吉品就成了泛聯電集團最重要的交誼中心。洪董請客吃飯，也可以選在別家餐廳，但可能碰到朋友，必須忙著打招呼，餐廳客滿，出菜速度太慢，服務品質不佳，這些都是我們到外面吃飯，可能產生的交易成本。

　　反之，跟洪董在吉品吃飯就幾乎沒有這些問題，因為是自己投資經營的餐廳，選的是空間最大、最安靜的包廂，席間有專人服務，既不擔心點菜問題，也不用煩惱招待不週，一頓飯吃下來，幾乎是賓主盡歡，完全感受不到人與人之間的「摩擦係數」。當然，如果景氣不好，食材成本大幅上升，遇上食安風暴，甚或是員工打架、偷東西，這些可能的管理成本，就是老闆洪董必須承擔的問題。如果洪董相信自己的經營能力，能將內部的管理與治理成本，控制在小於市場交易成本時，直接經營吉品餐廳，就是一個正確的決定。

水平整合

　　企業也可透過水平整合，購入技術與原有資源相結合，以取得快速發展與成長所需的動力。2008年，微軟為了對抗快速崛起的谷歌，提出擬以超過市值六成的價格：446億美元併購雅虎，不過後來這樁親事還是在雅虎創辦人楊致遠的

抗拒下，最終以破局收場。

　　自1995年開始，思科（Cisco Systems）的執行長約翰·錢伯斯（John Chambers），每年平均購併八到十二家公司，五年間公司市值從12億美元成長到170億美元，成長超過十倍，在當時成為世界上成長最快的公司。錢伯斯之所以在那時候要採用購併策略，原因就是從1995年開始，網際網路發展非常快速，思科的市場也因而快速成長，如果要單靠企業自己的力量去開發機會，速度可能太慢，選擇購併的方式來配合市場需求，便成為思科的成長對策。

企業的購併

　　購併算是合資的升級版：合資只是將母公司的資產做部分整合，購併則是進行資產的完全整合。合資在台灣還算普遍，但購併就不常見。2001年達碁與聯友光電合併成友達光電，當時的記者會，施振榮與曹興誠就不約而同地指出：「這樣的合作案，對於其他家族或是集團色彩濃厚的廠商來說，都不容易達成。」

　　家族企業偏好獨立經營，不喜歡跟外面有所牽扯，總希望家族事業能夠一代、一代傳下去。這也是台灣的家族企業為什麼不容易做大的原因。聯友與達碁可以順利合併，重要原因之一就是沒有太多家族色彩。高科技廠商因為設立門檻較高，需要很多的專業知識與背景，通常由專業經理人主導，家族企業的傳承不太可能具備這樣的條件。

2001年9月，當時擔任惠普成立60年來第一位空降執行長的卡莉‧費奧麗娜（Carly Fiorina），宣布將以250億美元的價格收購康百克電腦，是當時科技業史上最大的併購案。惠普共同創辦人威廉‧惠利特（William Hewlett）的兒子沃爾特‧惠利特（Walter Hewlett）就帶頭反對，後來還掀起一場驚天動地的委託書大戰，最後以3%的些微差距落敗。對惠普家族來說，固守最賺錢的印表機事業，維持原汁原味的「惠普之道」（The HP Way），是永續發展的最佳保證。但對費奧麗娜來說，收購案除了能讓惠普有機會更上一層樓，也能擴大自己在惠普的權力基礎與影響力。

當企業面對過多的擴充與多角化所帶來的問題，就必須經由重整、瘦身，來降低公司範疇與經營的風險。IBM將筆電事業賣給聯想，摩托羅拉行動（Motorola Mobility）將手機事業出售給谷歌，諾基亞也將手機部門賣給微軟，都是企業重整、退出某事業領域的案例。

威爾許主導奇異的變革

1981年4月，45歲的威爾許成為奇異的執行長，當時適逢美國經濟蕭條時期，高利率以及強勢美元讓這個問題更加惡化，導致美國失業率攀上了自大蕭條之後的新高峰，為了要讓奇異高度多角化的組織能有比較好的平衡表現，這位新任的執行長展開了一系列的重整與變革。

威爾許要求，每一個事業都必須要在所屬的領域中排名

第一或第二，否則就必須退出該產業。因此，奇異出售了大量的事業部門，包含中央空調，煤礦開採，家用設備，甚至是奇異聞名的消費性電器事業部門。在1981到1990年這十年之間，奇異藉由出售超過兩百個事業部門，共價值110億美元，這筆金額大約是1980年時25%的銷售金額。然而這次的重整與變革，讓奇異更能聚焦在核心事業，為日後的成長奠立優良的基礎。

創造綜效，1+1>2

整合的重要精神之一，就是要創造綜效，發揮一加一大於二的效果。不管是透過購併方式，還是整合公司既有產品資源，都要能夠產生互相加成或強化的作用。

蘋果電腦於2001年推出iPod，接著2007年推出iPhone，2010年推出iPad，在連續揮出三支全壘打後，也帶出很多暢銷的衍生產品，例如：iPod Nano、iPad mini、iPhone系列。蘋果的創新是從一個成功，帶出另一個成功，擁有成功的產品iPod只是一個開始，持續創造公司綜效更為重要。

蘋果電腦追求綜效的優勢，恰巧對照索尼的劣勢。索尼早在1979年就推出Walkman隨身聽，隨後，索尼隨身聽便領導個人音樂播放機市場達二十多年之久。但是，索尼在隨身聽的成功卻大都僅止於產品本身，並沒有為公司創造太多額外的綜效。例如，索尼的媒體事業並沒有因為隨身聽的成功，而有太多的競爭優勢。

　　雖然擁有國際知名品牌，索尼卻一直不善於創造產品綜效。1997年，索尼推出《MIB星際戰警》（*Man in Black*），第一週上映時的票房就幾乎打破有史以來的電影紀錄。但對索尼而言，6億美元的票房與錄影帶收入，就是其產品創新的最佳寫照，成功幾乎到此為止。2002年及2012年推出的兩部續集，成績都很普通。但1990年代中期的另一部電影《獅子王》（*The Lion King*），就有不同的故事。

　　1994年，迪士尼推出《獅子王》動畫電影，取材自莎士比亞名劇《哈姆雷特》（*Hamlet*），劇情曲折感人，壯闊的配樂，輕快、動人的插曲、主題曲，更是叩人心絃，上映後造成轟動，在全球創造了7億多美元的票房歷史紀錄，是電影史上最賣座的動畫片。但對迪士尼來說，這只不過是個開端。

　　迪士尼還陸續發行了150種獅子王的相關商品，同時將電影配樂錄製成電影原聲帶《榮耀大地》（*Rhythm of the Pride Lands*），1998年更以錄影帶首映的手法推出《獅子王2：辛巴的榮耀》（*The Lion King II: Simba's Pride*）。這些總共加起來的收入將近30億美元。迪士尼也在當時各大著名遊樂場導入《獅子王》主題遊戲，1997年《獅子王》改編成的音樂劇，還一舉拿下六項東尼獎（Tony Award）。事隔多年後，迪士尼藉著2003年秋季《獅子王》白金典藏版影音產品的高人氣，於2004年強勢推出全新製作的《獅子王3：彭彭與丁滿》（*The Lion King 1 1/2*）。

迪士尼公司創造綜效的例子，還包括《美女與野獸》（*Beauty and the Beast*）變成百老匯舞臺劇，《玩具總動員》（*Toy Story*）成為電動玩具，《小美人魚》（*The Little Mermaid*）變成了電視劇，《四眼天雞》（*Chicken Little*）發行卡拉OK伴唱專輯。而所有迪士尼推出的電影人物，也都理所當然地成為迪士尼樂園的暢銷商品 6。

台灣企業雖然偶有創新的驕傲，但總是欠缺整合資源、創造綜效的功力。這種情況就很像唐代柳宗元在《江雪》詩裡所描寫的意境：「孤舟蓑笠翁，獨釣寒江雪」。

金庸武俠小說裡的韋小寶，就是最懂得創造綜效的資源整合者。他不僅在黑道吃得開，在白道上也混得好，是個江湖好漢，也是政治老手。從他誤打誤撞進到皇宮並結識康熙帝成為好友，到擒拿鰲拜，搭救沐王府，探望順治帝，出使雲南，平定神龍島，協助索菲亞公主奪權，雅克薩之戰大勝，很多都是靠著他隨機應變，找關係，問門路解決的。他武功不高，能力不強，但懂得利用和整合各方資源，他的七個老婆，就像是他的七項事業，各有各的特色，但又能和平相處，彼此互補，創造出最多的發展可能性。

合縱連橫，捭闔張弛

本章所講述的是整合創新，是企業如何透過聯合、整併的力量，建立改變環境的必要力量。整合創新的主要精髓，可以整理成八個字：「合縱連橫，捭闔張弛。」「合縱」

就是「合眾弱以攻一強」，「連橫」就是「事一強以攻眾弱」。

購併就是合縱的表現，例如台灣DRAM與TFT-LCD廠商，很早就傳出，應該整合，共同對抗韓國的三星。《笑傲江湖》的嵩山派掌門左冷禪，欲將五嶽劍派合而為一，成立一個五嶽派，進而消滅日月神教，稱霸武林，就是倡議合縱的遠見。

加入成為蘋果生態體系的一環，或稱「吃蘋果」，就是連橫的實踐。例如鴻海藉由幫蘋果代工而成長茁壯，不只打敗其他電子製造服務（EMS）廠商，由此所培養的能力，甚至可以進一步侵襲筆記型電腦的市場。鴻海的策略，也可說是另一種形式的「尊王攘夷」。

連橫的方式，也可應用在企業內的產品搭配與推廣，也就是弱勢產品可聯合強勢品牌一起出擊。例如，1990年代中期，微軟為了推廣自家的瀏覽器IE，將它與視窗作業系統綁在一起，強迫電腦製造商一起買單，進而擊垮當時的市場第一品牌Netscape。2015年3月，蘋果推出新產品Apple Watch，同步更新的iOS作業系統，內建無法刪除的「Apple Watch App」，隨時提醒iPhone手機用戶「快去買一支iWatch」，也是連橫式的整合行銷運用：靠攏iPhone強勢品牌，來攻擊其他都還在起步階段的智慧型手錶。

至於「捭闔張弛」這四個字，出自《鬼谷子》，原文為：「故捭者，或捭而出之，或捭而內之；闔者，或闔而取

之，或闔而去之。捭闔者，天地之道。捭闔者，以變動陰陽，四時開閉，以化萬物縱橫：反出、反復、反忤，必由此矣。」捭或張，就是開放，就是要自己走出去；或是讓別人走進來。而闔或弛，就是所謂封閉，就是通過封閉自我規範；或者是經由封閉使他人離去。這都是有關於整合的方式與範疇的考量，例如要不要合併競爭者，要不要開放連鎖加盟，或是哪些業務可以外包等等。

　　整合創新的表現形式很像是組合不同音符而成的「和絃」，或是整合各類樂器的「交響樂」。就如吉他和絃所呈現的單音放大效果，或是交響樂隊的澎湃演奏表現，整合創新也一樣，因為聯合很多同行、競爭者，或是整合許多不同的資源，所以能夠發揮更大的作用。

革命戰略

　　自古以來所有牽涉改朝換代的革命行為，不管是中國還是西方，靠的最基本力量與組織，都是各種形式的整合創新與變革，從最鬆散的協會、聯盟，到彈性的授權、外包，再到緊密結合的合資、連鎖與購併，案例可以說是不勝枚舉。

　　滿清末年，國父孫中山在夏威夷檀香山設立興中會，誓詞是「驅除韃虜，恢復中國，創立合眾政府。」興中會後來與華興會合併為同盟會，於1911年發動武昌起義，成功推翻滿清政府，興中會或是同盟會就是以革命為目的所成立的協會團體。

　　至於聯盟的整合形式，更是革命運動中常見的戰略選擇。例如，諸葛亮在〈隆中對〉裡建議劉備，「孫權據有江東，已歷三世，國險而民附，賢能為之用，此可以為援而不可圖也……外結好孫權」，就是因為這個「孫劉聯盟」才得以讓劉備突圍脫困，占荊奪蜀，最後建都成都。第一次世界大戰由法國、俄羅斯、英國、義大利和美國組成的協約國，以及它的敵對陣營、由德國、奧匈帝國與鄂圖曼帝國組成的同盟國，第二次世界大戰由反法西斯同盟所組成的同盟國，以及德國、日本和義大利等國所組成的軸心國，都是一種戰爭聯盟。

　　取得授權也是革命戰略的一個選項。例如，秦末亂世，各地起義軍紛紛打著六國後裔名號，共起抗秦，各自復國，例如，張耳、陳餘擁立趙國後裔趙王歇，定都信都，項梁擁立楚懷王的嫡孫熊心為楚王，仍號楚懷王。不管有沒有得到各國氏族「正式授權」，打著六國正統的名號，對於拉攏民心、號召反抗力量的聚集，總會有些幫助。太平天國的天王洪秀全自稱是天父之子，東王楊秀清更可天父附身，兩者都是神授威權。

　　外包是利用外部資源協助企業完成生產和服務，藉此讓組織能更專注於核心業務，例如，楚漢爭霸時，蕭何坐鎮巴蜀、漢中、關中，穩定大後方的經濟，讓劉邦可以專心統兵派將，對抗項羽。清朝初年，由於順治、多爾袞等滿洲統治階級，實力仍有局限，因此實行「以漢制漢」政策，分封三

藩，包括：平西王吳三桂、平南王尚可喜、靖南王耿仲明，
協助管理一些南方省分，「三藩」可說就是清朝統治政府的
「外包商」。所謂「士無常君，國無定臣」，外包商也是如
此，譬如原本做戴爾生意的華碩，慢慢地就想取而代之；封
疆大吏亦然，三藩的叛亂就是一例。

　　燕太子丹派遣荊軻去刺殺秦王政，這是典型的殺手外
包，齊國孟嘗君、魏國的信陵君、趙國的平原君、楚國春申
君等戰國四公子各自門下的三千食客，則都是儲備外包商；
協助孟嘗君規劃「狡兔三窟」，並得以「高枕無憂」的馮
諼，就是那位高唱「長鋏歸來兮，食無魚，出無車」的食
客，他就是一位著名的食客外包商。

　　另外，中國抗日戰爭期間，汪精衛叛國投敵，在日本
政府和軍部的扶植下，組建了傀儡政權「中華民國國民政
府」，這可說是一種「合資」建國行為。最常見的合資式抵
禦外侮、開疆闢土戰略應為政治聯姻。例如，春秋時期的
秦國就曾先後與晉國以及楚國，經由聯姻方式形成軍事上的
同盟。王昭君出塞、文成公主入藏，也都是政治聯姻。古羅
馬時期，尼羅河皇后克麗奧佩脫拉七世，與羅馬帝國的尤利
烏斯·凱撒聯姻，從而建立起疆土千里、不可一世的偉大帝
國。

　　漢高祖劉邦建立漢朝之後，在分析秦亡的原因時，認
為是因為缺乏實力強大的同姓王為後援。因此，在他殲滅異
姓王的同時，也陸續分封九個劉姓王，並與群臣共立白馬之

盟，約定「非劉氏而王，天下共擊之」。這些諸侯王就形成了穩定的劉氏家族連鎖集團，並與朝中的功臣集團形成分庭抗禮的局勢。戰國時期，商鞅在秦孝公支援下，實施變法圖強，其中的廢除分封制、建立縣制、編制戶口、「什伍連坐」等作法，就是要建立以中央集權為中心的政治軍事連鎖實體。

最後是垂直或水平購併的整合形式。元朝末年農民起義時，剛入伍參軍不久的朱元璋，就因表現出色，在肥水不落外人田的考量下，被義軍元帥首領之一的郭子興招贅為女婿，換句話說，就是郭子興購併了朱元璋。後來，朱元璋自立門戶，為了能夠讓各方人才願意跟著他一起打天下，就「多蓄義子」，並賜姓朱氏，這也算是利用購併方式來厚積力量，壯大聲勢。如果說招婿蓄子是垂直整合，那麼秦末曾「相與為刎頸交」「所居國無不取卿相」的張耳、陳餘，桃園三結義的劉備、關羽、張飛，再加上三顧茅廬請來的諸葛亮，就是一種水平整合的革命夥伴組合。武則天之所以能當上中國歷史上唯一的女皇帝，先是因為迷惑了唐高宗李治，當上有真正實權的皇后，也是「購併」李治，將外部關鍵資源內部化，後來因為生下太子——也就是後來的唐中宗李顯，等於是一種垂直整合，而能以皇太后之尊臨朝稱制，開創武周王朝。整合，讓武則天能夠藉由唐李正統，「會當凌絕頂，一覽眾山小」。

第 5 章

開 放

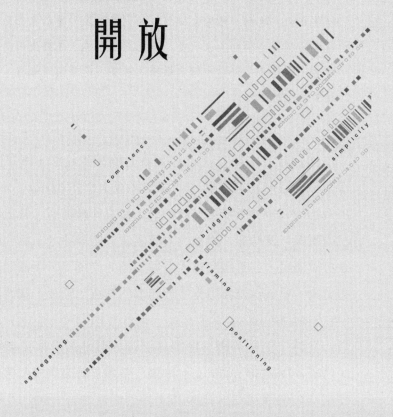

當一個人想要重新定義自己和要追尋
什麼樣的人生時，他們就會展開一段
旅程，擁有生命的獨特片刻。
——《享受吧！一個人的旅行》
（*Eat Pray Love*）

本章談開放創新，討論企業如何透過開放策略，引入更多新的
想法、思維與資源，來改變現有產業與環境的束縛，進而能夠
變革突圍，達到「乾坤大挪移」的創新效果。重點在介紹各式
各樣的開放連結點，分別是：多元內部環境、先驅使用者、消
費者、供應商、大學與研究機構、異業，以及國際社會，共七
種開放創新樞紐。

1914年，在第一次世界大戰的歐洲西北部，兩軍陷入
壕溝戰，這時就如電影《西線無戰事》（*All Quiet on the
Western Front*）所描述，雙方幾乎都沒什麼進展，各自固守
在由塹壕、鐵絲網、機槍火力等組成的防禦陣地。協約國急
欲打破僵局，在英國海軍大臣邱吉爾的支持下，英國開始建
造更大、更堅固的裝甲車，但西線的彈坑、沼澤、爛泥巴卻
使它們動彈不得。

當時，正在英國遠征部隊服役的戰地記者斯溫頓中校
（Ernest Dunlop Swinton）建議，參考美國農具曳引機的設
計來突破壕溝僵局。據說斯溫頓的靈感源自一位朋友的來
信，這位朋友在信中把美國的「霍爾特」（Holt）農具曳引
機描述為「能夠像魔鬼一樣爬行的美國機器」。

1915年9月，全世界第一輛坦克車「小威力」（Little
Willie）就此誕生。坦克車的出現，扭轉了歐洲的戰局，也
讓在第一次大戰期間盛行、專門對付步兵的壕溝戰，開始走
向衰退。

　　本章談論的開放創新重視連結外部的創新，就像坦克的發明，關鍵技術「履帶」並非由軍方內部所研發，而是引進美國農具曳引機的設計。

　　再看另一場實踐開放創新的戰爭實例。1939年，爆發蘇聯對芬蘭的冬季戰爭。戰爭初期，火力強大的紅軍坦克一度讓芬軍感到束手無策，芬軍不僅沒有坦克裝備，也缺乏反戰車砲等武器。後來芬蘭人想到利用空酒瓶製作汽油彈，來對付蘇聯的戰車。事後證明，這個「土製炸彈」明顯奏效，讓蘇軍戰車損失慘重。

　　賈伯斯在開發Apple II時，為了突破電腦機殼外觀設計給人冷冰冰的印象，特地跑到梅西百貨廚房用品部參觀，最後決定大膽推出色彩繽紛的家用電腦。蘋果筆電的電源轉接器「MagSafe」，是一種創新的磁鐵式連接頭，這個創意設計參考日本的電鍋、熱水瓶、油炸鍋等電器用品。創業初期，賈伯斯也大膽挖角任職百事可樂的約翰・史考利（John Sculley）這位科技門外漢，來擔任蘋果的執行長，協助管理這家快速成長的公司。以上這些都是「開放創新」的具體實踐案例。

　　這裡所提的觀念，與加州大學柏克萊分校亨利・伽斯柏（Henry Chesbrough）教授所提的開放創新有部分類似」。伽斯柏教授指的是，公司與其周遭環境的界限變得模糊，使得創新不僅可以在公司內進行，也可以在公司外進行。公司除了可以利用外部資源與創意進行創新，拓展科技，也可與

合作夥伴一起創新，分享風險，分享盈利。本章所講的開放創新指的是，突破公司原有系統與所屬產業、社群的制度範疇，向外尋求想法、創意、資源、技術，來進行突破式創新。重點是跳脫自己熟悉的夥伴、對手、產業、社區，或是國家地域，引進新鮮想法，或獨特技術，來改變原有的框架與制約。

　　要在中國武術世界，開宗立派，靠的大都是開放創新，要不是需要博覽群書，就是要跟大自然借點子。如果只單靠面壁、靜坐、閉關，就能有所突破，除非是像達摩＊，或是張三豐＊＊，這種武學奇才，否則幾乎是不可能的。

　　在金庸的武俠小說裡，《笑傲江湖》的《葵花寶典》，據說是三寶太監鄭和，彙編《永樂大典》時讀遍天下奇書古籍創造的奇功。《射鵰英雄傳》裡的《九陰真經》，是黃裳透過為皇帝刻寫道家叢書《萬壽道藏》（共五千四百八十一卷）領悟而創。

　　在真實的中國武術界，模仿動物型態的象形拳就是一種開放創新。例如：洪拳的五行拳，就是採龍、蛇、虎、豹、鶴五種不同動物的動作演練；電影《殺死比爾2》（*Kill Bill Volume 2*）裡，女主角初見白眉，就曾使出虎鶴雙形拳。佛山詠春拳據說創始於五枚師太，因為偶見虎鶴爭鬥而領悟出

＊　據傳，達摩在少林寺面壁九年而功成，遂傳《易筋》和《洗髓》二經，創立了少林武術。

＊＊　《倚天屠龍記》裡的張三豐，閉關苦思後，創出太極神功。

的拳術；電影《一代宗師》，馬三與宮二在火車站的決鬥，最後馬三使出「老猿掛印」，而宮二則回以「白猿托桃」，耍的都是「猴戲」。其他如猴拳、螳螂拳、鷹爪功，都是從自然界引進武術界的開放創新。

　　開放式的外聯與外引創新，可以像電影《阿凡達》（Avatar）裡的神樹伊娃（Eywa），無邊無際地向外伸展，與任何可能的創意樞紐、來源緊密相連。根據「六度分隔理論」（最多透過五個人就可以把兩個陌生人連結在一起），隨機的開放式關係或網路，可以透過弱連結效應，把看似龐大的人口社會變成「小世界」[2]。本章介紹七個特別重要與突出的開放連結圈或樞紐點，分別是：多元內部環境、先驅使用者、消費者、供應商、大學與研究機構、異業，以及國際社會，這些都是可以幫助企業借力使力，破繭而出，再創新局的「任意門」。

內部開放

　　對於大型機構而言，組織內部就可以是實踐開放創新的舞臺。1970年代，EMI有感於公司的音樂主業收入並不穩定，因此成立一筆研發基金，向內部廣泛徵求創新計畫書，世界第一台電腦斷層掃描儀，就此誕生。朝日啤酒在開發「Asahi Super Dry」的過程中，強調研發專家與行銷人員的互動、交流，藉此產生更多的創意火花，這就是創造有利創新的開放環境。全球定位系統的由來，也是拜約翰霍普金斯

大學物理實驗室裡的開放環境所賜，讓科技宅男們能在工作之餘的互動、聊天過程中，產生偵測剛升空的蘇俄衛星史普尼克一號（Sputnik-1）的有趣創意。威爾許之所以在45歲就被選為奇異CEO，原因之一就是因為他掌管的塑膠事業部，雖然是奇異的邊陲單位，相較於主流事業的總經理，較無包袱也無牽掛，對於當時急需變革的奇異是一大優勢。

開放競爭

運用內部資源實踐開放創新的重要關鍵，除了「大數法則」以外，還有「開放競爭」。例如，台灣的工業技術研究院，自1999年開始，為了鼓勵院裡的研發同仁從事更先進前沿的技術開發，設立「全院前瞻研究開放競爭基金」，院內就慣稱此項目為「開放競爭」（open bid）。作法是：每個研究單位將每年所獲得的政府（科專）補助經費，拿出20%當作全院的開放審查經費，而各單位則可以提出30%的預算規模參與競爭。

再舉一個我到日本參訪所習得的案例：免治馬桶的研發。今天在日本幾乎是一種文化現象的噴水洗淨馬桶，事實上是由美國American Bidet公司所發明，原創之初並沒有思考商品化，不知道馬桶會噴水這件事能做什麼用途。後來日本商社「日綿實業」赴美簽約，取得這項技術的獨家銷售權，爾後又把技術再轉售給「東洋陶器」（TOTO）。

在高緯度的日本使用噴水洗淨馬桶，當然必須考慮溫度

問題，但要真正做到溫水洗淨，對TOTO是個很大的挑戰。經過一段時間的研究，TOTO對加熱的方式聚焦在三種技術，包括貯水式（水槽＋加熱器）、多槽式（導管＋面狀發熱體）、瞬間式（精密陶瓷加熱）。

為了找出最適合的方式，TOTO先讓三組研發團隊彼此競爭。經過一段時日後，雖然還沒真正分出勝敗，但是公司高層直接下達決斷，決定採用精密陶瓷加熱器達到瞬間加熱的效果，並要求原來的三組團隊一起共同發展。

當時參與瞬間加熱式技術開發的吉久保誠一回憶道：「在原來三組團隊分開研發時，我們都很討厭對方，即使是在公司裡，都不想跟競爭對手碰面，看到對方，甚至都想殺了他。但後來公司要求我們一起合作後，我們就常聚在一起喝酒，慢慢都變成好朋友了。」他特別強調「在一起喝酒」這件事很重要。「人才多元」也是TOTO的特色之一，在開發溫水洗淨馬桶的過程中，就有包括機械、電子、物理、數學、化學、建築、心理學家、設計學家等等各領域的專家，共同參與整合不同的技術。

就像TOTO案例所啟發的，「先競爭，再合作」，是運用內部資源管理開放創新的有效方式。特別是當情況不明，需要廣泛實驗來解決問題時，運用開放競爭來廣泛蒐集資料，探索各種可能是必須的。但當情況或問題比較清楚後，就應該以團結合作的方式，就過去所累積的研究成果，加速達成具體效果，同時也可以避免打擊團隊的士氣，讓大家一

起分享成功的果實，提高對組織的向心力 ₃。

專案團隊

　　本章所講的開放，與前一章所談的整合，雖然都隱含「融合」所產生的力量，但在本書的理論發展與設計上，這兩個主題剛好位在天秤的兩端；整合講究內聚，開放重視外聯。整合是同類型的融合與團結，開放則代表異業或異質性的交流。同質性愈高、整合力量愈強；異質性愈高、開放效果愈大。

　　整合與開放兩種精神，在創新實踐與作為上，常常是「你泥中有我，我泥中有你」。以專案團隊設計為例，一方面，參與人員橫跨的功能別愈多，專業背景愈廣泛，開放程度就愈大；另一方面，專案主管所須擔負的跨功能整合任務愈重，所被賦予的自主決策權愈大，整合程度也就愈高。整合與開放的最適搭配，通常依任務本身做調整。東陶開發免治馬桶的案例，也是一個開放與整合程度都很高的研發專案。又開放又整合的極端例子，就像是40年代導致原子彈發明的「曼哈頓計畫」、60年代使人類登上月球的「阿波羅計畫」。兩者都非常需要突破性的技術開發，而且專案主管都有完成時間的壓力。

　　電影《阿波羅十三號》演出人類第三次登陸月球的任務，但過程卻遭遇問題，片中最有名的台詞就是：「休斯頓，我們遇到問題了。」要把登月任務，臨時改成救人任

務，肯定不只需要各種不同專業人才一起努力，也需要抗壓性高、敢於決斷、擁有絕對權力的專案主管。

　　清乾隆時所編纂的《四庫全書》，也是一項高整合又高開放的專案計畫。《四庫全書》除了收錄宮廷收藏外，也對外廣徵所有的流通圖書，所以是個高度開放的專案計畫。抄寫人員每天都必須有進度，凡是不利朝廷的文字，都必須修改，所以也是一個高度整合與管理的計畫。

　　開放與整合，就是專案組織的經與緯，企業在思考哪種模式最適合哪些創新計畫時，應考量任務需求、時間壓力，權衡各種模式的優點和挑戰，以及因應那些挑戰所需的組織能力，然後選擇最符合公司策略的模式。

先驅使用者

　　美國麻省理工學院教授艾瑞克·馮希培（Eric von Hippel）[4]，根據哈佛大學埃弗雷特·羅傑斯（Everett Rogers）教授於1950年所發展的技術，採用生命週期模型，進一步提出，先驅使用者（lead user）是產品與服務創新的重要來源。先驅使用者，或稱領先用戶，由於他們的需求，超前大眾市場至少數個月，市面上的產品供給無法滿足他們的需求，因此便自行開發新產品，來滿足自己的需求或是解決問題。

　　相傳神農氏為辨別各類草藥，親嘗百草，所以神農氏可說是中國醫藥界第一位先驅者。記得小學階段，每次學校舉

辦遠足我就特別興奮，因為可以帶很多好吃的東西（包括一顆「五爪蘋果」），此外，我母親也會幫我準備一瓶水，並在裡面加一點鹽巴，說這樣可以補充體內水分的流失。雖然那時我並不喜歡加了鹽巴的水，但每次都還是喝光光。對於後來市場上才出現的舒跑、寶礦力等運動飲料，算起來我的母親就是一位先驅使用者。

1951年，任職於美國德州信託銀行的葛萊姆（Bette Nesmith Graham）女士，為了解決她的打字問題，以畫家作畫的精神，自己用攪拌器混和一些水、油畫顏料，裝進指甲油瓶子帶到辦公室，因此發明了修正液。第一個滑雪板不是由體育設備製造商發展出來的，早在1965年，美國人波本（Shermen Poppen），就曾幫他女兒製作一個玩具，把兩片板子組合起來，發明一種很像衝浪板的滑雪工具。1902年5月20日在紐約舉行的一場汽車競賽場上，一名賽車手因為發現他的汽車座椅有些鬆動，就用皮帶與繩子將自己和同伴綁在座位上。比賽中途，他們的汽車因意外翻覆衝入觀眾群，造成兩人喪生、多人受傷，但賽車手與他的同伴卻都安然無恙，這幾條皮帶也就成為汽車安全帶的雛形。

先驅使用者因興趣及需求，建立許多新構想及具有潛力的產品原型。由於他們的創意，可能已經預先反應未來的市場主流，因此先驅使用者可以做為探討消費者偏好與需求的實驗室，提供企業在新產品開發上許多寶貴的構想來源。

3M的開放創新

現在很多醫院的手術房裡，都使用3M所生產的開刀用隔離布，它就像一層被子覆蓋在病人身上。3M醫藥外科事業部在研發手術隔離布的開發過程，就曾參考許多先驅使用者的創意。

例如，當3M公司看到好萊塢的電影特效公司，在拍一些必須為演員化上厚厚一層濃妝時所用的顏料，這種顏料不僅不會對皮膚造成傷害，反而還能夠保護皮膚表層，最重要的是它很容易卸除。3M深入了解之後，把它應用在外科醫療需求上，外科醫生可以在皮膚的表層擦拭這種容易清洗的顏料，開刀時就可以免於被病患的體液噴到，避免可能引發的細菌感染。

3M也參考野戰醫院的手術方式，改進消毒技術。譬如在阿富汗打仗受傷的士兵們，常常必須動開刀手術，野戰醫院的設備雖然無法像正規醫院般齊全，但需要基本的消毒隔離，3M便參考野戰醫院的作法，從中學習一些知識並加上研發改進技術，發展出突破性的手術簾幔成品 5。上述例子說明，3M並不是關在實驗室裡自行研發，而是走出去看看好萊塢與野戰醫院怎麼解決細菌感染的問題，這都是屬於利用先驅使用者的開放創新。

消費者

　　雖說先驅使用者是廠商重要的創意來源，但真正的先驅使用者畢竟是少數，甚至是可遇而不可求，從公司外部或是市場端找尋創新的想法，更多的可能是來自現有客戶、潛在消費者或是底層消費者6。

　　例如，台積電推出「開放創新平台」，與它的IC設計客戶在產品研發階段就能密切合作。由樂高所開發的「機器人套件」（Mindstorms），開放讓消費者參與改裝產品的設計，因此除了讓產品更加風行之外，也意外使得樂高積木變成中學課程「機器學」（Robotics）的必要教具。2012年，樂事推出了「Do Us a Flavor」（樂味一番）活動，邀請消費者主動參與產品研發，讓樂事品牌的知名度在各社交媒體「翻上一番」。嬰兒車廠商，最好的實驗室是來自星期例假日擠滿人潮的百貨公司或大賣場，在那裡可以有很多機會觀察，媽媽們是怎麼使用嬰兒車，如何裝飾她們的嬰兒車，或是改裝成獨一無二的產品。

登山腳踏車的誕生

　　登山腳踏車的誕生，就是由一群年輕消費者的點子所激發的成果。話說，北加州有一群自行車的愛好者，因為不滿意傳統的腳踏車設計，因此自己動手進行改裝。他們拆下大型腳踏車的骨架，重新組合競速腳踏車的齒輪，加裝摩托車

的煞車系統，再混合組裝一些其他不同的零件，便組成了現今的登山腳踏車原型。

剛開始的前幾年，登山腳踏車被稱為「破銅爛鐵車」。不過，這些破銅爛鐵車，也必須使用到一些進口零件。協助進口零件的一家廠商，發現這會是一門好生意，就決定投入這個行業。另外一家自行車公司「Marin」，也開始加入銷售行列。直到過了十到十五年之後，一些大型腳踏車製造廠才驚覺到登山腳踏車的無窮潛力，這才開始積極投入市場。過了三十年後，登山腳踏車與相關配備的銷售，占全美腳踏車銷售的65%，達到580億美元。

由此可見，廣大的登山腳踏車市場，並非是自行車大廠的策略規劃產物，而是消費者自行研發出來的。

布希鞋的發明

消費者創新，就是希望從市場來拉動創新，而不是只靠技術推動創新。我講一個開放創新的反例，是廠商只重視技術推動，忽略消費市場的反應，所可能造成的問題。

1990年，陶氏化學（Dow Chemical）開發被稱為Croslite的特殊樹脂，這項材質能夠隨著人體體溫的變化而軟化，所以利用這材質來製作鞋子，穿起來會更加舒適與服貼，而且還有防滑抗菌的功能。但是，陶氏化學卻不知道如何利用這項新發明，索性把專利賣給加拿大一家鞋廠，後來，這家公司被卡駱馳（Crocs）品牌以500萬美元收購。2004年，卡駱

馳根據Croslite材質開發出輕便、透氣又好穿的布希鞋,造成市場上的一陣風潮,並成功在美國那斯達克上市,成為創新企業的最佳代表。

陶氏的例子告訴我們,研發不應只是待在實驗室裡埋頭苦幹,還必須走進市場,面對消費者,找到真正可以應用的商機。沒能找到科技應用價值的創新,終歸是「花非花,霧非霧。夜半來,天明去。」

社群經營

消費者除了參與新產品的開發,網路時代也讓品牌主控權,從廠商轉移到消費者。富士康的第二大客戶,中國大陸最大手機業者:小米,創辦人雷軍與一級主管每天的工作重心,就是掛在微博、論壇與微信上,「從米粉中來,到米粉中去」。全公司約六千人,當中近四千人,每天主要工作都在經營社群,上網聊天。除了從使用者回饋中持續改善產品外,也提升用戶的服務及體驗。小米的使用者參與、口碑行銷,除了降低資訊不對稱,提升產品應用價值,也創造全新的消費習慣。

相對的,忽略消費者的使用經驗,可能帶來嚴重後果。2008年,歌手Dave Carroll在搭乘聯合航空的班機時,托運一把名牌吉他Taylor,到達目的地後,發現吉他在托運過程中被摔壞了。雖然跟航空公司抱怨,卻沒人理會。後來,他就寫了一首曲子「聯航打破吉他」(United Breaks Guitars),

還拍成MV，上傳到YouTube。點閱人數超過九百萬次，聯航股價因此應聲下跌10個百分點，傷害無形的品牌形象，更是難以估算。

開放政府

近年來，「開放政府」成為當紅的熱門議題。首先是2014年底，柯文哲在參選台北市長時，就主打「開放政府、全民參與、公開透明」。在執政黨地方選舉大敗中匆忙接手的毛內閣，也強調要翻轉政府，半年內要靠「科技三箭」：開放資料、大數據與群眾外包，讓民眾有感，徹底落實「開放政府」的理念。接著，台南市長賴清德在與台南市議會對抗時，也喊出開放政府、全民監督。開放政府不僅是開放資料，開放服務，也是決策開放，在「透明、參與、協力」的三大原則下，處理眾人之事。

隨著資訊時代的來臨與通訊傳播技術的高度發展，「開放政府」似乎已經成為民主國家發展的趨勢，不管是加入鄉民（網路民眾）建言，或是提高決策的透明度，都與本章所談的「開放創新」意旨相近。原本人民只是政府官僚體系所提供公共服務的消費者，現在也可以像「我的星巴克點子」、「樂事洋芋片」，或是「小米社群」一般，提供建議給政府參考與採用。「開放政府」、「公共輿論」、「全民參與」時代的到來，似乎標誌著上天真的將權力交給公眾，真正做到《尚書》中所說的：「天視自我民視，天聽自我民

聽。」「民之所欲，天必從之。」

供應商

供應商跟消費者一樣，都可以是開放創新的重要來源。例如，教師算是學校提供教育服務過程中所需要的生產因素，角色是供應商，而現今許多大學為了擴展師資的多元性，特別是提供實務方面的課程，都會從產業界聘任在職的兼任教師，清華大學科管院的學士班就有一門課「管理與科技專題實務」，任課師資群都是科管院EMBA的傑出畢業生，這些既是消費者，又是供應商的經理人，除了能夠提供我們許多EMBA課程的回饋外，對於擴展大學部的實務課程，也提供許多協助。請他們回來上課，可說是「一兼二顧，摸蜆仔兼洗褲」。

聯發科的統包方案

1980年代晚期，中國手機產業開始跟著國外技術發展的腳步逐漸成形。初期的核心技術：手機晶片，完全掌握在外商手裡，除晶片的授權費外，手機底層協議、操作系統，以及應用系統等專利，也都屬於歐美廠商，因此手機製造商必須層層付費。因為受限於技術的取得，中國手機商的發展一直有所局限。

台灣的聯發科，在2001年切入手機晶片市場，並於2002年以「統包解決方案」（turnkey solution，也稱為交鑰匙解

決方案、一站式方案）的概念，向中國手機廠商提供完善的晶片設計服務。聯發科的技術，解決了最難以克服的手機生產門檻，從此，手機商「只要三種人才，一個是總經理，負責談生意、做業務；一個是會計，一個是QA（quality assurance）負責掌控品質，就可以開公司。」在聯發科之前，至少需要半年才可以組裝生產出一台手機；聯發科之後，只需三個月就可以做出一個產品。因為聯發科的供應商創新，讓中國手機產業的前身——山寨機，得以突破外國技術的限制，快速發展，進而可以深耕市場，逐鹿天下。

波音787的整合

　　波音與空中巴士在新飛機的開發過程中，也都一直很倚賴供應商的知識與技術。電影《鋼鐵人》（*Iron Man*）裡由東尼史塔克所經營的「史塔克工業」（Stark Industries），就是一家很創新的國防工業供應商。然而，當像波音這樣的國際企業，想要藉由供應商來協助完成新產品的開發，就會時常面臨到溝通、協調與知識整合的問題，而使得開放創新沒有達到原本的效益。波音研發787客機，就是一個頗具代表性的例子。

　　從波音在1996年所提出的2016願景：共同攜手合作，成為航空領袖的全球企業。可以發現，波音想要由一般的飛機製造商，轉變成為高端系統整合商的野心。波音於2004年提出787型客機生產計畫，希望藉此重新奪回被空中巴士侵蝕

的市場。但創新的合作模式，再加上過於複雜的生產系統與網路，導致787型客機在生產與交機時程上出現嚴重的遲交問題。

在787型客機的生產計畫中，波音推行了有別於以往的生產方式。波音導入全新的全球合作夥伴模式，其中最具體的改變就是，波音公司將過去常見的工程策劃方式（build to print），改變為通力合作方式（build to performance）。傳統的「build to print」模式是，波音先在公司內設計飛機，然後把飛機的零組件或一整段機體的圖紙印製（print）出來，送到它們的製造夥伴工廠去生產。而新的「build to performance」生產合作模式則是，波音只開出效能規格要求，接下來便將設計和開發交給遍布全球的合作夥伴來負責，波音只負責最後的組裝。在這種新的模式下，波音與供應商之間的縱向溝通、交流很頻繁，供應商之間的橫向合作也很緊密。這樣做的好處是，能夠大大降低波音公司本身的財務與生產風險。而且過去的合作經驗也都顯示，這些合作廠商都有能力即時滿足訂單的需求。波音相信787型客機開發計畫一定會順利成功。

但有別於過往的合作經驗，供應商開始出現進度落後與出貨延遲的現象。一方面，波音公司並沒有好好評估這些供應商的設計能力，儘管這些廠商有良好的製造能力，但卻欠缺好的流程規劃與產品設計，並且與波音沒有良好的溝通管道，以至於無法在期限內完成訂單。

　　另一方面，波音原本希望找來的這些供應商，透過一個大方向目標制定之後，由各個廠商間進行協調達成目標，但廠商與廠商之間的溝通不良，缺乏有效的協調管道與方式，使得飛機的各部位零組件常常無法相容，甚至在機身各部位的完成品運送上也產生問題。

　　針對787型客機生產系統所產生的問題，波音採取三種方法來進行改善，首先是讓公司的技術人員進入供應商中，提供技術支援並了解實際生產情況。其次，收購兩家組裝工廠，重新界定生產系統中的分工，將組裝工作全面納入為波音公司的責任。最後，設立整合中心，並配置先進的電腦系統，24小時隨時都有人在不同地點，因不同目的而一起開會。在解決問題的過程中，波音也了解到要讓資訊變得更透明，特別是生產系統中的廠商與廠商之間的知識或技術的互補與交流，有效地管理這些技術，並在需要時能夠馬上派上用場，以順利解決遇到的技術問題。

　　雖然將供應商納入研發系統中，可以讓廠商的創新圖像多了更多的可能與想像，但唯有妥善、開放且有力的管理，才可以讓這樣的合作模式發揮最大效力[7]。

宏達電

　　台灣的產業因為以OEM、ODM為主，在創新的過程中，常會遇到代工與品牌的衝突。例如，惠普委託仁寶代工筆電，就不希望仁寶推出自有品牌，在市場上與惠普的筆電

競爭。但對於電信業而言，代工與品牌比較不會發生衝突，因此電信業手機製造供應商，有更多創新的揮灑空間。

例如，從2002年開始，宏達電為多家運營商提供客製化產品，有中華電信、AT&T、Orange、T-Mobile、O2、Verizon、Bell、Sprint、Vodafone、Swisscom SoftBank等，但同時間，宏達電也有自主品牌的手機上市。這主要是電信運營商並不是靠手機銷售賺錢，他們甚至希望手機製造商如宏達電打上自己的品牌，這樣如果手機有問題，也比較清楚劃分責任歸屬。因此，在電信業裡，做為手機製造商的供應商，也比較容易發展出新的創新與行銷模式。

大學與研究機構

另一個更為普遍的連結外部網路或機構的開放創新，是來自大學與研究機構，也就是我們常說的產學合作或是產學研合作。接下來介紹一個關於連結美國太空總署（NASA）的創新案例。

丹麥棉被

QOD（Quilts of Denmark）是丹麥知名的寢具床組公司，雖然說賣的是棉被，其實也等於在賣「一眠好覺」。於是他們請教專門研究睡眠的專家，如何才能改善睡眠品質？專家指出，影響睡眠最重要的因素是溫度，人在睡眠中常會無意識地踢被子，所以只要溫度控制得宜，基本上睡眠品質

就會好。為此,他們開始研究棉被的材質要怎麼做才能控制溫度。

有鑑於美國太空總署是溫度控制的專家,因為太空人出任務時,在外太空可能必須面對前有太陽而背後卻是陰影的情況,這時的溫度基本上就相差將近攝氏27度,這麼高,因此太空衣的材質相當特殊。於是,這家寢具公司便引用NASA研發的特殊溫度感應科技,開發一系列的感溫材質棉被,這也是一種利用外部創意以學習改進的開放式創新。

跨界交流

另一個創新的外部連結點是:跨界交流。不同行業或界別的交流,容易激起創意創新的火花。就像是混血兒總是打造優良品種的最佳選擇,跨領域的學術研究比較容易產生突破性的成果。這也是《梅迪奇效應》(*The Medici Effect*)作者法蘭‧強納森(Frans Johansson),所稱的「異領域碰撞點」(intersection)[8],也是解釋文藝復興運動的最主要創新原動力。

飛蛾的眼睛可以高效地吸收光線,這提供太陽能電池板重要的參考價值。鯊魚皮膚表面的皺褶可以減少水流摩擦力,這特性被利用來設計新式的泳衣,廣受泳賽選手的青睞。台灣的誠品書店,翻新「書店」的經營概念,將文化藝術的元素,注入書店的規劃設計中,從此,書店不再只是零售事業,也是文創產業。自1999年3月起,誠品也參考便利

商店的經營模式，將營業時間開放為24小時。跨界交流，「引外改內」，永遠都是創新的好主意。

異域交會點

重慶小天鵝集團總裁何永智，曾經說起發明鴛鴦火鍋的由來，是因為受到嘉陵江與長江交會處的啟發；可口可樂根據維納斯雕像的三圍，設計出飲料的玻璃瓶身；常以藝術為設計靈感的聖羅蘭（Yves Saint Laurent），將荷蘭畫家蒙德里安（Piet Mondrian）的「結構紅黃藍」元素注入洋裝，表現出抽象畫派冷靜的形式美，成為1965年伸展臺上最受好評的單品；北宋大文學家黃庭堅，因為黨爭被貶到四川省時，看到船夫划槳對抗激流，因而發展出「用筆多有擺盪之姿」的獨特風格；因為受了唐代懷素的狂草代表作《自敘帖》的影響，京劇演員郭小莊的《公孫大娘舞劍》多了一份揮灑自如、行雲流水，如龍蛇般行走的節奏變化與莫測高深的氣韻；「雲門舞集」的創作「狂草舞蹈」更是將《自敘帖》當作是一個跳板來跳舞，龍飛鳳舞的筆墨痕跡，在千年之後，變身成舞臺上的表演動作。這些也都是異域交流所迸發出來的創新成果。

麻將的藝術

中國的國粹「麻將」，也算是異域交流的創新。有一年，我到寧波參觀「天一閣藏書樓」，看到裡面有間麻將博

物館，才知道原來麻將跟寧波的航海業有這麼深遠的關係。

　　有此一說，麻將起源於寧波，是船員打發時間的重要遊戲，所以麻將的設計都與航海生活有關。例如：「索子」是船索，「筒子」是水桶，會有「萬子」，表示漁民都希望有朝一日能成為萬元戶。「東南西北」風，代表行船捕魚時都很關心「風從哪裡來」。打牌時，「吃」代表開飯，「碰」是撞船，「停」（寧波方言發音為「聽」）是靠岸。遊戲名稱是「打麻雀」，是因為看到麻雀，代表快要回港了（所以現在常有人戲稱打牌贏錢是「大船入港」，自有其中的道理）。麻雀在寧波方言的發音與麻將相同，故「麻雀」也叫「麻將」。「胡牌」的「胡」就是原先寧波方言中「和牌」的「和」，而「和」就是和順、平和，用在航海是「和衷共濟」，用在打麻將，就是「和氣生財」。

　　據此，麻將就是一種融合不同技術，加上援引航海活動所得的跨界創新。所以下次打牌手氣不好時，最應該聽的歌曲就是《討海人的心聲》。

流水線生產

　　20世紀初，亨利・福特首先採用了流水線生產技法，將T型車汽車底盤的裝配時間，從12小時28分縮短到1小時33分，而這個創新的靈感則是得自市場的肉販。

　　有一天，老福特下班時經過一家肉舖店，想買點豬肉回家，可是看到排隊人龍很長正打算離開時，店老闆看到老顧

客福特就招呼說：「福特先生，你等一下，我去裡面拿塊肉給你，不讓你等了。」福特站在一旁等候的同時，也順便看了看店內的工作情況。

那天肉舖店的生意很好，顧客很多，工作中的夥計個個都非常有效率，有的負責去皮、有的切肉、有的負責分骨、有的秤肉、有的打包，每個人各司其職，動作非常熟練，因此處理速度特別快。這幅景象給了福特一個靈感，如果他的汽車廠組裝也能像肉舖這樣組織化生產，應該會更有效率。

福特回去之後與公司高級幹部討論，希望能帶管理團隊去參觀屠宰場的作業程式，觀摩如何改進汽車的生產流程。屠宰場的豬隻從吊掛、切肉、分骨都在一條生產線上，流轉得非常順暢。屠宰場的生產線是一隻完整的豬進去，然後分割成不同的部位出來。倒轉這道程式，應用到汽車的組裝上，就是把零件一一放進去，線走、人不動，從無到有地產出一輛車來。最原始的生產流水線於焉誕生，因此福特汽車廠最早期的生產流程也被稱為「肉舖生產線」。

國際連結

國際地理環境與文化習俗的自然分隔，讓全球市場成為開放創新的天然舞臺。國際知名能量飲料「紅牛」（Red Bull Energy Drink），就是奧地利人迪特里希‧馬特希茨（Dietrich Mateschitz）有一次到曼谷出差，看到三輪車夫常喝的一種提神飲料（Krating Daeng，紅色的牛），而後決定

將它引入奧地利，並申請專利。馬特希茨並因此成為奧地利首富。

美體小舖（The Body Shop）創辦人安妮塔‧羅迪克（Anita Roddick）在1970年有事去一趟美國，在加州柏克萊一家修車廠裡，看到一家賣天然肥皂、乳液與洗髮精的寄居小店，店名就叫 The Body Shop。六年後，羅迪克就在英國開了同樣的店。從遠方國度吸取創意，一直是創業創新的好主意。

有一年，我到西班牙馬德里參加「策略管理學會年會」，對於大會飯店的早餐印象深刻，因為至少有十種以上各式各樣的火腿任君選擇，不管逛市集或超市，都可以看到很多賣火腿攤位。西班牙的伊比利亞火腿（Jamón ibérico）、義大利的帕爾瑪火腿（Prosciutto di Parma）與中國的金華火腿，並稱世界三大火腿。事實上，火腿起源於中國，在唐朝已經開始製作，馬可波羅後來把火腿的製作方法帶回歐洲，因此成為他們的名菜。

現今西班牙與義大利的火腿，雖然有明顯的在地特色，但本質上還是「國際牌」，也是連結國際社會的創新。

源起唐宋、盛於明朝的「青花瓷」，雖然是中國名器，但也有國際成分。因為鄭和下西洋所帶回的「蘇麻離青」（smalt，意為藍玻璃），讓青花瓷可以「青到發紫」，略顯顆粒的結晶也讓青花瓷的色彩多了一些渲染的效果。創作於清康熙、雍正、乾隆三朝的宮廷御用瓷：琺瑯彩瓷，則是另

一項跨國交流的藝術創新成果。又稱為「洋瓷」的琺瑯瓷，彩繪技法起源於歐洲佛朗德斯地區，在康熙時期，傳入中國。雖說現存琺瑯彩瓷所見的式樣、圖案主要是中國風格，但運用的仍是西洋繪畫技法。換句話說，琺瑯彩瓷跟青花瓷一樣，都體現出東西文化技術交流的創新成果。

法式料理

現在大家印象中的法國菜，應該是清淡、精緻，也常會讓你有種意猶未盡、吃不飽的感覺，其實傳統的法國料理不是這樣。如果各位看過電影《時尚女王香奈兒》（*Coco Before Chanel*），就可以了解早期的法國女士出一趟門很麻煩，帽子要插很多羽毛，穿著也很繁複，於是香奈兒女士就簡化傳統服飾。傳統其實就是一種宮廷文化，而法國宮廷文化的影響不只在服飾上，也反應在飲食上。

傳統的法國料理非常油膩，吃的是大魚大肉，可是演變到現在所謂的新派料理，卻是一個充滿創新精神的過程。

時間回溯到1960年代後期，在1968年5月，法國發生一起著名的社會運動，這起由學生發動的學運，訴求自由與平等，雖然學運沒有成功，但是自由與平等的理念已經遠颺，擴散所及，連廚師也大受影響。

以保羅・包庫斯（Pual Bocuse）、米歇爾・戈拉德（Michel Guerard），以及路易・鄔第耶（Louis Outhier）為首等法國頂尖名廚們認為，做菜也同樣應該講究自由與平

等，要有自我揮灑的空間，促使他們反思傳統的法式料理到底存在哪些缺陷；諸如菜單落落長，配料要很齊全，烹調有標準作業程序，每次做菜就像在辦桌一樣，所以菜色多半顯得不夠新鮮。而且強調很多餐盤外的儀式，使得用餐時間拖得很長。於是，廚房裡開始出現一些不同的主張、不同的作法。

　　一開始，這群廚師覺得應該要講究創意與新式作法，為了有所突破與改變，他們走出法國，到外面的世界學習其他國家的料理方式，包括義大利、西班牙，特別是日本，將學到的廚藝加以融會貫通。

　　譬如這群廚師從日式料理學到，真正美味的飲食不須繁瑣的烹調，而是講究原材料的新鮮，只要材料夠新鮮，食物就很爽口，從日式料理學到的開放創新，讓法國廚藝界開始嘗試改變，傳統經典大菜那股富麗堂皇、精緻繁複，又帶著矯揉造作的盤飾風格，並且不再用牛油和麵粉製作出「濃到會牽絲、膩到會出油」的醬汁調料。強調清爽健康，與當地文化連結的「新派法國料理」於是誕生。

工研院

　　製造業是台灣的核心能力，但在網路經濟方興未艾的今日，這似乎也漸漸變成是轉型的包袱，記得2013年暑假我到臉書（Facebook）參訪時，就曾有臉書的台灣籍員工告訴我說：「現在的矽谷，大都做軟體，Computer Science又成

為主流，但台灣還是以Engineering為主，其實，硬體已逐漸面臨淘汰。」台灣的服務業產值，雖然已經占國內生產毛額（GDP）70%以上，但一般大眾都不是很清楚服務的研發內容，因此，推動服務創新，落實服務業的研發管理，是政府的首要政策目標之一。

據此，身為台灣科技研究先驅的工研院，從2000年代後期，就積極與國際專業社群連結，引入新的知識與作法，來推廣台灣轉型所需的服務創新。包括：從麻省理工學院艾瑞克·馮希培等人導入「先驅使用者方法」（lead user method）；從瑞典Kairos Future公司學習情境規劃與預測前瞻的方法論；從日本野村總和研究所（Nomura Research institute, NRI），以及歐洲經濟學人智庫（Economist Intelligence Unit, EIU）導入「價值鏈重組法」、「價值鏈精簡法」、「未滿足需求推導法」；也與美國IBM公司進行「Linking Technology to Service Transformation」的培訓計畫，引進IBM雲端運算平台的基礎架構與相關技術，包括：Vega管理系統、影像儲存庫（image repository）、BlueStar管理入口網站、Research Computing Cloud雲端運算供應管理、監控即服務（monitor-as-a-service）等。對工研院而言，改變就是從連結國際社會做起。

獅子王

迪士尼於1994年推出的動畫電影《獅子王》，改編自莎

士比亞的《王子復仇記》（又稱哈姆雷特），故事背景發生在非洲大草原，有一隻小獅子名叫「辛巴」（Simba），牠是個王子，父親是一位森林之王，卻不幸被叔叔害死。小獅王被叔叔趕出森林，展開一連串的冒險旅程，並且一心想著要重返森林，把森林之王的位子再搶回來。因為《獅子王》電影票房特佳，迪士尼就開發出許多周邊產品，舞台劇就是其中之一。

　　規劃舞臺劇時，遇到一個大問題，如何將這些獅子、鸚鵡搬上螢幕，該怎麼演？通常，傳統的想法是由演員戴上某個動物面具，扮演某一種動物。可是舞臺劇的演員，尤其是一些比較知名的，他們希望自己的演技受到認可，而不是戴著面具去表演，要如何表現傳統舞臺劇的精神，又能表現電影的精髓，對製作團隊來說著實是一大考驗。

　　製作團隊為了克服這個問題，他們前往國外四處考察，後來到了印尼與中國，同時間都發覺有一種傳統戲劇叫「皮影戲」，給了他們新靈感，於是將皮影戲的概念引入舞臺劇，便成為現在這齣舞臺劇的表演基調。正是這樣的跨國連結與開放創新，讓傳統舞臺劇有了新的文化風貌。

旁徵博引，轉益多師

　　「旁徵博引，轉益多師」可以說是開放創新的八字訣。

　　「旁徵博引」是指懂得參考各種不同的知識與人才，而後融會貫通，創造新局。位於美國麻塞諸塞州劍橋市的非

營利組織DtM（Design that Matters，中文意思為「要緊的設計」），利用在第三世界國家相對普及的汽車供應鏈和當地汽車維修資源，開發出一款簡易、低成本的嬰兒保溫箱，嘉惠偏鄉地區的民眾，降低嬰兒夭折率。

《射鵰英雄傳》裡的西毒歐陽鋒，在第一次華山論劍後，觀察毒蛇動作悟出「靈蛇拳」，希望在下一次論劍比賽時能出奇制勝。香港導演張徹的經典武打電影《五毒》：蜈蚣、蛇、蠍子、壁虎以及蛤蟆，也是象形功。

人類社會中最原始的造字方法——象形文字，就是參考大自然界中的事物以及圖騰所描繪、創作而成（例如將羅馬字母「A」上下顛倒，就是一個帶角的牛頭；中文的「門」字就是左右兩扇門的形狀）。唐詩遇到胡樂，即成就了宋詞。劉備三顧茅廬請出諸葛亮，秦孝公的求賢令促成商鞅變法，各國職業球隊流行的外籍兵團，2005年日本執政黨推出「美女刺客軍團」，或是近年來台灣流行的「政治素人」，都是外求變革，開放創新的作法。

即便是傳統上很封閉的犯罪組織，大都不會像電影《教父》系列，只依賴緊密結合的家族成員與內部資源，而是懂得旁徵博引，向外尋求有特殊長才的專家，例如：複製雷射防偽的藝術家、善於竊取資料的駭客、擅長多語言的人才、杜拜的洗錢專家。電影《白宮末日》（*White House Down*）那位負責入侵防空部電腦系統的駭客專家就是一例。

另外，「轉益多師」這四個字，也很傳神地表達開放創

新的精髓。杜甫《戲為六絕句》：「別裁偽體親風雅，轉益多師是汝師。」「轉益多師」就是持開放的態度，多方學習求教，開闊眼界，以求「綜聽則明」。

根據梁羽生武俠小說改編的電影《七劍》，故事重點是遭到風火連城圍攻的武莊，派人外出求援，找來晦明大師協助，最後七劍出鞘，打敗清軍。電影《貧民百萬富翁》（*Slumdog Millionaire*）裡，一開始的答題遊戲規則，可以使用三個求救方式：第一個是刪去法、第二個是打電話向人求救、第三個是問現場的觀眾。像這種向外求救或是詢問現場觀眾，基本上就是一種「旁徵博引，轉益多師」的開放創新概念。

戈巴契夫的經濟改革與開放政策，加速共產蘇聯的瓦解。鄧小平南巡所提出的改革開放，促成中國經濟快速成長。要改革，就要開放，開放創新，永遠都有機會找到更好的出路。

舌尖上的創新

本章最後，我舉美食餐飲為例，再次印證「旁徵博引，轉益多師」的七個外部連結圈或樞紐點。

第一，多元內部環境。這可以我最喜愛的台灣美食為例。1949年，隨著當時國民黨政府遷台的政府要員及其隨行來自中國各省的官邸主廚，再加上分布在全台879個眷村裡的小吃名店，讓來自大江南北的特色佳餚匯集在寶島，相互

爭奇鬥豔，經過幾十年光景發展，甚至變得「玄黃不辨，水乳不分」。而這也讓台灣得以成為各方大廚實踐開放創新的舞臺。即便是標榜台菜料理，也常有外來血統。例如，外燴辦桌常見的佛跳牆、紅蟳米糕，或是夜市小吃肉羹、魚羹、花枝羹、蚵仔煎，都是源自福建菜系 [10]；五更腸旺以及牛肉麵，都算是川式台菜。

西方社會稱研治自然科學、社會科學及文史哲學於一爐的大知識分子，是為「文藝復興式的人物」（Renaissance man），因此，匯聚中國各省美食的台灣就像是個「文藝復興式的廚房」（Renaissance kitchen）。

第二，先驅使用者。魯迅曾說：「第一個吃螃蟹的人，一定嘗過四隻腳的蜘蛛。」所以先驅使用者也是具有大膽創新精神的人。所謂祖傳配方、獨門醬料，也一定是先驅使用者研發出來的。王品牛排的招牌菜「台塑牛小排」，是由王永慶夫人李寶珠所發明，本來只是在台塑招待所內提供公司高層主管宴請貴賓之用。對於王品而言，王永慶、李寶珠，以及台塑的賓客們，就是它的先驅使用者。知名的宮廷料理「厲家菜」，近年來也「飛入尋常百姓家」，對我們這些平民百姓而言，皇上與他的三千嬪妃、王爺兄弟們，就是造就我們可以坐在寶麗廣場（Bellavita）品嘗涼拌火鴨絲、翡翠豆腐、北京燻肉、油燜大蝦、蔥燒刺參、羅漢齋、肉末燒餅等厲家官府菜的先驅使用者。

第三，消費者。北宋詞人蘇東坡，創造出杭州名菜「東

坡肉」，「淨洗鍋，少著水，柴頭罨煙焰不起，待它自熟莫催它，火候足時它自美。」「每日起來打一碗，飽得自家君莫管。」好食豬肉的蘇東坡，可說是以忠實消費者的身分，親自動手創新了豬肉的烹飪方法。

　　第四，供應商。 古代各地官員要為皇帝輸送貢品，皇帝的味蕾可說牽動著天下各省地分官員的神經。為了能討皇帝開心，各地的官員無不想盡辦法扮演好供應商的角色，盡力奉上天下最好的美味，電視劇《宰相劉羅鍋》裡介紹的「荔浦芋頭」，就是很知名的皇帝貢品。電影《巴黎御膳房》裡愛麗舍宮總統私人膳食的總監，堅持好食物、好食材，常常親自出訪有口碑的鄉間小農。住在嘉義的母親大人，三不五時都會寄來她從市場收購來的鱸魚肚（北部完全買不到）。我家隔壁鄰居，也會常常採摘清華東院宿舍區裡自種的有機食物給我們分享。台灣的港式飲茶之所以這麼風行，原因之一就是品質優良的供應商直接供應蒸點。優質的供應商，往往就是美食的最佳保證。

　　第五，大學與研究機構。 台灣有「食品研究所」，韓國有「泡菜研究所」，這些研究機構當然是食品創新的重要搖籃。開創「分子美食」學派的艾維・提斯（Herve This）博士，就是法蘭西學院物理院士，也是法國國家食品及農業局高級研究員。分子料理講究利用各種實驗工具，通過物理化學變化，把食材的外貌和口感全部「呼呼ㄟ重來」，創造出新的料理。這麼看來，中國的棉花糖算是這方面的先驅，但

真正將分子食物發揚光大的，則是講究實事求是與實驗設計的現代科學精神，既然是科學實驗，研究中心就是最佳的場所。曾屢獲世界最佳餐廳殊榮、以分子料理聞名的西班牙鬥牛犬餐廳（El Bulli），就決定於2011年08月起停業，轉型為「非營利的烹飪研究中心」，而日後將成為各地主廚的取經聖地。

第六，跨界交流。被視為日本茶道最高境界的「茶禪一味」，就是異業交流創新的好例子。茶道與禪宗原非一家，但在茶壇名人一休宗純、村田珠光、武野紹鷗、千利休等人的「空寂茶」世界裡，卻是殊途同歸，相輔相成。據說一休宗純的弟子村田珠光，既愛參禪又著迷於茶道，一休很好奇，有一天，突然將珠光手中的茶碗打落在地，而珠光卻仍氣定神閒、恬然自若，一休忍不住稱讚：「禪」也在茶中。品茗又兼參禪，就是異業交流的創新。

第七，國際社會。1998年上演的電影《酷斯拉》（Godzilla）有一幕是由尚雷諾（Jean Reno）所飾演的法國安全局探員，剛抵達美國辦案不久後，有天早上喝了同事端給他的一杯咖啡，一入口，就一臉不屑地說：「Wow！American coffee！」尚雷諾喝的不是星巴克，因為早在1983年，奉派到米蘭參觀商展的霍華・舒茲（Howard Schultz）就決定引入義式咖啡廳文化，從此改變美國人的味蕾。中餐西吃，西餐中吃，都是另類的文化交流。日本的今川燒（鯛魚燒），傳到台灣變成「紅豆餅/車輪餅」（老一輩的台灣人

也有直接稱為「太鼓饅頭」）。唐李白《送裴十八圖南歸嵩山》詩：「何處可為別？長安青綺門。胡姬招素手，延客醉金樽。」異國鮮食風情，總能增添神祕感與新鮮感的美味。

第6章

賦 名

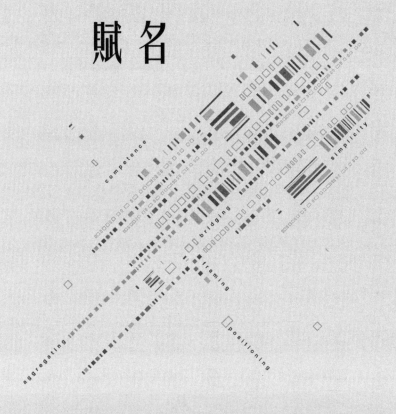

既然是作戰，怎麼可以沒有軍旗？

—— 《七武士》

　　賦名，是討論企業如何透過賦名的手法與技巧，引領相關群體或利益關係人，共同投入創新、擁抱創新。本章將介紹九種賦名的策略，分別是：邏輯論證、問題建構、議題設定、藍圖、前瞻、情境規劃、比喻、說故事、身體語言。對於領導者與經理人而言，本章提供一個全新的變革領導新思維。

　　賦名，譯自「framing」，意指發展出重新認知外在事物的詮釋架構。賦名創新，也就是經理人在追求改變與創新時，如何運用個人領導魅力及說服技巧，來引領相關群體（包括：同事、員工、消費者、供應商等）的認可、回響與支持，好讓變革之路走得更順暢。賦名，就是構框、造勢，要讓聽者達到認同、轉念的效果，達到齊心努力、同舟共濟的共識。

　　賦名，也等同於古希臘哲學家亞里斯多德（Aristotle）所謂的：理性（logos）、信譽（ethos）、感性（pathos）三者結合所產生的影響力；也就是說要說服別人，主事者必須運用有力量且合理的言辭，建立個人名聲，並能激起追隨者的熱情。如果在推廣創新的過程中，能夠妥善運用理性思維、道德號召、感性訴求這三點，就容易說服群眾、員工、消費者與供應商等，激勵他們一同向前邁進。

　　相對於整合創新倚重「強連結」，強調資源取得與合作關係的緊密形成，開放創新重視「弱連結」，希望藉此接觸到更廣泛、更多元的資訊、機會與想法。賦名創新則可理解

為訴求「心的連結」，希望能真正打入跟隨者的心坎裡，認同創新與變革的方向與作法。

在本章裡，我提出九種賦名創新的策略工具，包括：「邏輯論證」、「問題建構」、「議題設定」、「藍圖」、「前瞻」、「情境規劃」、「比喻」、「說故事」、「身體語言」，善加運用這些策略工具，可協助企業家與領導者，更有效地行銷個人或團隊的變革理念，發展魅力創新，進而建構新的競爭優勢」。

《射鵰英雄傳》裡東邪黃藥師自創的絕技「碧海潮生曲」，簫聲聽起來像是在模仿大海浪潮之聲，其實內藏致命的武功，可以迷惑人心、擾亂氣息。賦名創新所希望達到的效果，就像黃藥師的「碧海潮生曲」，要讓表面上的說詞或論述聽起來是合理的、動人的、美好的，但其實內在隱匿的是，經過賦名術所指導、設計的各種構框、造勢手法，要讓聽者在沒有防備之下聆聽到難以自制，進而願意跟隨領導者前進，走向改革、創新之路。楚漢戰爭時，張良派兵在楚軍陣營周圍高唱楚國民謠，運用心理戰一舉擊潰楚軍。「四面楚歌」就是一首帶有思鄉情懷的「碧海潮生曲」。

貝多芬在《第9號交響曲：合唱》最後樂章，首次加入合唱聲，唱出德國詩人席勒的《歡樂頌》，「喔！朋友們，何必老調重談！（也就是何必只彈奏單純的管弦樂）還是讓我們用歌聲匯成歡樂的合唱吧！歡樂！歡樂！」加入歌詞與詠唱的交響樂，似乎真的更能牽動感情，激勵人心。從此

《第9號交響曲》的最後樂章，就被獨立出來，煥發出獨特的生命力，特別是在德語的使用者中產生強烈的共鳴，成為一首廣受歡迎的賦名曲。1989年聖誕節，雷納德‧伯恩斯坦（Leonard Bernstein）為紀念柏林圍牆的倒塌，在柏林的指揮演出時，以「自由」取代了原曲中的「歡樂」，更是將這個樂章推向國際自由的舞臺。不管是《歡樂頌》或是《自由頌》，都是一首以交響樂演奏出的「碧海潮生曲」，也是最能代表賦名創新精神的音樂作品。

　　古代先賢荀子的學說指出，人「生而有耳目之欲」、「饑而欲飽，寒而欲暖，勞而欲休」，如果欲望無處宣洩便生爭端，「其善者偽」。德國哲學家叔本華（Arthur Schopenhauer）也說過：「人生就是一團欲望。當欲望得不到滿足便痛苦，當欲望得到滿足便無聊，人生就像鐘擺一樣在痛苦與無聊之間搖擺。」所以先王制禮作樂的目的，就是要變化人心，「化性起偽」，「故禮者，養也。芻豢稻粱，五味調香，所以養口也；椒蘭芬苾，所以養鼻也；雕琢刻鏤，黼黻文章，所以養目也；鐘鼓管磬，琴瑟竽笙，所以養耳也。」不管是化性起偽也好，隱惡揚善也好，禮樂的作用就是使人的欲求得以宣洩與滿足。

　　「賦名創新」或是「碧海潮生曲」，之所以能夠發揮威力的原因之一，就是透過大家認可的途徑，以合情合理的方式，達到「養人之欲，給人之求」。賦名者，就是要所講的道理，所說的故事，或是所用的比喻，要能夠「入乎耳，

著乎心，布乎四體，形乎動靜」，才能夠引發動機，激勵人心，創造變革的共同需求與前進的動力。

邏輯論證

邏輯論證，強調的是以各種具有邏輯性的文字、話語或論述，就特定的創新或改變，以理性的、結構性話語，告訴大家，什麼是對的、什麼是錯的，或是要相信什麼、不相信什麼。子曰：「禮也者，理也。」俗話說：「有理走遍天下，無理寸步難行。」邏輯論證就是要以理服人。著名法庭電影《十二怒漢》（ *12 Angry Men* ），片中所列出種種合理的懷疑（reasonable doubts），藉以推翻原來陪審團的多數看法，就是典型邏輯論證的表現。

I'm a Mac.

蘋果公司所推出的《Get a Mac》廣告，多年來就一直是蘋果公司對抗PC主流設計的有力邏輯論證武器。這款系列廣告就只有兩個主角的對話，一個穿著休閒服的年輕人代表「Mac」，一個正式西服打扮的胖叔代表「PC」。兩個人的談話內容凸顯PC是個過時、不好用的產品，Mac才是方便、時髦的設計。《Get a Mac》廣告自播出以來就得到很大的回響。

這支廣告的中心主軸就是邏輯論證，透過明顯的對比，易懂的文字與說明，告訴消費者，Mac當然比PC好，希望藉

此來改變消費者的購買習慣。

不需要天才

2012年，蘋果推出iPhone 5，最大的特點是：螢幕加長。這時，三星就在一則平面廣告上，將它的Galaxy SIII手機與iPhone 5並排比較，並列出各自的功能，要表達的訊息很直接，也很明顯：三星Galaxy SIII手機，比iPhone 5大、好用，功能也比較多。廣告標題為「It doesn't need a genius.」（不需要天才）。諷刺蘋果與賈伯斯的意味相當濃厚，但不可否認，這樣的邏輯論證行銷手法，除了能形塑與凸顯三星產品的創新點，也能排除、限制與約束談論的話題。

邏輯論證訴求的雖是合理的言辭與理性的說服，但所謂「理性」，並非是絕對的、也非客觀存在，更常是人為有主觀、有目地選擇表述。如同Galaxy SIII與iPhone 5的比較，就是選擇性地列出以凸顯Galaxy SIII的優點，也是在私利的目的下，包裹著理性的外衣。邏輯論證，就是一種透過人為建構的理性說服與訴求，建立改變的合理性基礎。

問題建構

領導人與創新者可以對一個原本大家習以為常的現象，提出質疑，發展出新的問題，並凸顯解決這些問題之後，能賦予群眾的意義或是社會意涵。一旦大眾認知到這個問題的重要性，以及解決問題之後能為個人帶來的價值，就容易支

持企業或個人為了解決問題所提出的方案。

問題不是客觀存在而被發掘，而是主觀、有意識地被發展出來的。問題建構，因此也是一種變革策略，是一種為創新說理，建立共識，形成風潮的重要方法。

吃點水果

1980年，美國NBC電視公司製播的「日本能，為什麼我們不能？」（If Japan Can…Why Can't We?），讓戴明博士（Dr. William Edwards Deming）的品質管理理念一夕間在美國本土受到關注。美國乳品業多年來用各式各樣的邏輯論證手法，想要說服消費者，喝牛奶的各種好處，但成效都不彰，直到他們改口說：「喝牛奶了嗎？」這句話既沒有提到價格，也沒有說牛奶的好處，但銷售量就有顯著上升。問題，有時就是最好的說服捷徑。

2010年5月某一天，我受邀到中山大學劉維琪校長的課堂上演講，結束後，就跟劉校長還有蔡敦浩老師一起到該校著名的海景餐廳吃自助餐（buffet，音似「包肥」）。從沙拉、濃湯到主菜，每個人吃得很飽，直呼「好飽！」這時蔡老師說：「再去吃點甜點吧！」可是大家都沒有動靜。後來換劉校長說：「去吃點水果！」大家就站起來，有趣的是，大家拿了水果之後，又順道取了甜點。

「自助餐最後，是吃甜點？還是吃水果？」這句話就是一種「問題建構」，問對了問題，就能掌握改變的力量——

每個人都站起來，往吧台移動。

這種情況就好像去小吃攤吃東西一樣，你點了一碗乾麵，老闆如果問：「要不要喝湯？」你可以回答：「要」或「不要」。但老闆如果換一個方式問：「要喝豬血湯？貢丸湯？還是骨仔肉湯？」這時候消費者通常就會順勢點一碗湯喝。會問問題的小吃攤老闆，就是會讓顧客心甘情願掏錢出來的策略大師。

施振榮先生的微笑曲線

宏碁創辦人施振榮先生所提的微笑曲線（見右頁圖），是大家都很熟悉的「理論」。施振榮先生認為，台灣企業如果要增加獲利，絕不能繼續停在組裝、製造的位置，而是要往左端（研發、智財），或右端（品牌、行銷）位置邁進。因為個人電腦的關鍵零組件已經達到標準化與模組化程度，進入障礙很低，因此組裝、製造的環節價值不高，兩端的附加價值就會形成向上彎曲的微笑形狀。

雖然，微笑曲線的知名度很高，但它並非是放諸四海而皆準的不變真理。例如：就航空業而言，精良的製造技術以及系統性的整體組裝，才是真正高附加價值所在之處；汽車業也是製造高於品牌的行業。而從知識創造的角度看來，微笑曲線也有問題，因為中間的製造部分，是讓零件、研發與行銷服務可以獲得支撐、學習與改進的重要因素，華碩電腦在平板電腦的競爭上，超越宏碁甚多，就是一例。對於鴻海

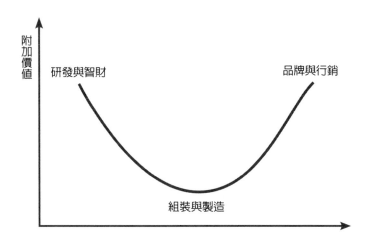

而言，組裝的利潤雖然很低，但可以靠著量大，提高採購毛利較高的自家零組件比率，所以組裝也是鴻海創造利潤的核心。

問題是，施振榮先生為什麼要努力宣揚微笑曲線呢？施先生提出微笑曲線的原因，是為了讓宏碁的自有品牌事業取得正當性，他要告訴大家，宏碁不做代工了，要創立自有品牌，因為做自有品牌的利潤比較高。他藉由提出微笑曲線，來正名他的品牌事業，「名分使群」（《荀子》），這樣一來，就比較容易得到大眾與政府的支援。換句話說，微笑曲線是一種正名策略，讓在代工主導的台灣產業環境裡，推行品牌事業的改革者「師出有名」。

檄文

微笑曲線，就像是施先生想改革代工文化的「檄文」。

檄文就是聲討書，古時候帶兵打仗，討伐無能君主，通常都要講得出一項名目，說明為什麼要打這場仗，打出正義之師的名號。好的檄文能夠「不攻而降城，不戰而略地，傳檄而千里定」。

自古以來最有名的檄文，是駱賓王寫的《為徐敬業討武曌檄》，他寫得氣魄萬千，罵武則天：「性非和順，地實寒微。昔充太宗下陳，曾以更衣入侍。洎乎晚節，穢亂春宮。潛隱先帝之私，陰圖後房之嬖。」還有，朱元璋統一江南以後，又想攻打元朝，於是請宋濂幫他寫《奉天討元北伐檄文》：「自古帝王臨御天下，皆中國居內以制夷狄，夷狄居外以奉中國，未聞以夷狄居中國而制天下也。」

檄文，不管是駱賓王所寫的《討武曌檄》，還是施振榮先生的「微笑曲線」，都是「先射箭再畫靶」的作法；也就是為想推行的工作（箭），建構出一個能夠支撐或相稱的價值體系（靶）。就像施先生提問一個問題：我為什麼要做品牌呢？因為「做品牌」才是真正高價值的事業，「不做品牌，台灣笑不出來」。

問題建構，就是提出一個令人矚目的思考問題框架，來正名所希望成就的功業。正所謂「名不正，則言不順，言不順，則事不成。」又如，東漢末年，曹操挾天子以令諸侯，四處征伐政敵，都以天子名義，來合理化他的作為。在「反對曹操就是不尊漢室」的情況下，若和曹操為敵，就會被先安上「背叛漢朝」的罪名，先天上就輸了一截。諸葛亮在

《隆中對》裡，對劉備分析曹操「此誠不可與爭鋒」，就是因為曹操能名正言順地消滅政敵，才得以勢力大增。

議題設定

議題設定，就是透過大眾媒體的報導，告訴大家該想什麼，或應該注意的事項，進而得到動員群眾的力量，行銷與推廣公司的創新產品。

好的議題，要能夠吸引眾人的眼光，引發共鳴，變成大家都會談論的話題，以達成引爆效果。持續報導某些重大議題，引發一連串的議題討論、辯論，甚或讓議題變得更具爭議性，可以對聽眾或消費者產生類似於「催眠式」或是「洗腦式」的動員與改變效果。諾貝爾獎得主肯尼斯・愛羅（Kenneth Arrow）著名的論點，議題設定或議程規劃往往就會決定議事結果。掌握議題的人，就掌握了改變的權力。

變革者所設定的議題或是所下的標題，最好是與個人的利益相關，比較能引起注意。例如，1960至1970年間，美國開始要推廣資源回收，初期主打的口號是「垃圾減量，拯救地球」，但是這種訴求負面表列、強調道德意識的方式，效果不彰。後來在1980年代，環保團體改變了策略，把標題定為「垃圾回收，創造利潤」，強調自我利益、以正面利得方式來改變大眾認知，消費大眾知道原來回收也是有利可圖的，資源回收產業才真正發展起來 [2]。

鋼鐵標籤

高耗能的企業，都會特別強調環保議題，不只是為了轉移焦點，也是為了「貼個標籤」，告訴大家，他們也是節能企業。例如，有一次我參訪北部某家鋼鐵廠，正逢星期五，沒有電梯可搭，因為該公司星期四、五兩日，是員工自我約定為「無電梯日」。在參訪過程中，我的學生在介紹建築、設施時，都會特別強調是使用環保、回收材料。將企業聚焦在「環保」、「社會責任」議題上，讓如鋼鐵廠這般高耗能、高排放的企業，能夠降低社會阻力，增加企業運作的彈性與效力。

梅迪奇銀行

義大利的梅迪奇（Medici）家族是文藝復興時期（14至17世紀）最重要的贊助者，這也是透過重視公眾事務、文化與藝術，來提升企業正當性的作法。

銀行是梅迪奇家族最重要事業，但銀行的核心「放貸收錢」、「利息」在基督教教義被認為是罪惡的。但丁在《神曲》中就認為，放高利貸者是犯了暴力之罪，應被關在九層地獄第七層的內圈：一個燃燒的無垠沙漠。

但因為梅迪奇家族是猶太族，而猶太教並不反對將經商積累的財富向外進行放貸，因此梅迪奇家族才可成為現代銀行業的開發先鋒，但他們的銀行業務仍被人嚴重詬病。事實

上，梅迪奇家族至少有五人因金融犯罪因素，被法院判處死刑。所以，當時義大利佛羅倫斯人大多視梅迪奇家族為經濟流氓，而非銀行家，一直到喬凡尼・德・梅迪奇（Giovanni di Bicci de' Medici）出現，採行一些有創意性的作法，才逐漸讓家族事業合法化。

首先，他採用創造性會計手法，使梅迪奇家族擺脫反高利貸法的約束。的確，教會明文規定禁止收利息，但喬凡尼透過外貿融資的商業匯票，從這類交易中獲利，沒有利息，便沒有犯罪，有的只是因貨幣兌換而產生的佣金。這基本上就是第五章所談「開放創新」，引入外貿交易方式，改革銀行的商業模式。

其次，透過多元化方式進行改革。早期義大利銀行多為單一的經營結構，很容易被某一違約債務人拖垮，但梅迪奇銀行，建立在關係錯綜複雜的合夥人體系之上，每位合夥人之間又彼此獨立，正是這種分散制度，讓他們獲得鉅額利潤。這是「整合創新」（第四章）的運用。

最後，透過議題設定來進行「賦名創新」。除了做善事、建教堂、也支持文藝復興運動。特別是喬凡尼的兒子，柯西莫（Cosimo di Giovanni de' Medici）更投入鉅資，和很多偉大的文藝復興巨匠們，例如：達文西、米開朗基羅和伽利略等，維持密切的交流。將「梅迪奇」與「文藝復興」聯上等號，讓原本被認為剝削、暴利的銀行事業，披上了文化、藝術的面紗，便能降低社會的仇恨氛圍，提升銀行業運

作的正當性。

競賽

　　設定議題的工作，可以透過比賽的方式來達成。就像新人要出頭，競賽永遠是最好的出路。張惠妹（阿妹）出身自《五燈獎》的歌唱比賽，吳寶春靠著世界麵包大賽的冠軍頭銜，揚威烘焙行業。汽車剛問世之時，曾舉辦與馬車的競賽，創造曝光機會。亨利・福特喊出：「週日賽車，週一賣車。」要將大眾的生活焦點，從馬車移轉到汽車。17世紀後半期，由路易十四領導的法國政府，選定羅浮宮一間沙龍展示廳，舉辦繪畫大賽，沙龍展從此成為大眾注目焦點，也因此開啟了法國畫壇的黃金時代。

　　中國功夫明星李小龍，早年在美國剛開設武館時，沒有人上門。有一天一位日本空手道黑帶三段的武師，因為不滿李小龍到處宣揚截拳道有多厲害，而向他發出挑戰書。後來李小龍僅花不到一分鐘就將他擊倒在地，因此名聲大躁，愈來愈多學生慕名而來，截拳道功夫也因此揚名。

　　有比賽就有吸引力，會促使有興趣的人想得知比賽結果，因此就會產生「推他一把」的改變力量。比賽設計也可以從旁觀者轉向參與者，同樣也可以創造吸引力或是推力的效果。例如，國際旅客眾多的阿姆斯特丹史基浦機場，為了解決男生廁所小便外濺的問題，就在便斗內畫了一隻蒼蠅，效果當然不言可喻。英美等國也可見到廁所內的電玩設計，

讓男生小便時也可以打打磚塊、溜滑雪板、玩水槍等遊戲。想贏，就要尿的準。改變男生的不良習慣，也可從中激發雄性鬥志的比賽心理。

藍圖

藍圖所描繪的具體路線圖，代表領導者的願景方向與具體信心，可以降低大眾對於因應未來不確定性的恐懼，進而取得改變的力量。早期從中國大陸撤退來台的蔣介石，所率領的國民政府，宣傳「一年準備、兩年反攻、三年掃蕩、五年成功」就是一種藍圖策略。

藍圖，特別是技術藍圖，在產業界的使用非常普遍，常被用來規劃未來的產品、技術發展路徑。但技術藍圖也是創造對話、提供方向，引導行動的重要工具，因此常成為自我實現的預言。領導者可藉由藍圖整合重要的技術、產品與趨勢，並連結社會與產業發展趨勢，明確地制定出未來數年、甚至數十年要達成的目標，並提出迎合未來趨勢與滿足目標的實現方案。

另外，企業所設定具挑戰性的KPI（key performance indicator，關鍵績效指標），因為提供明確的指引，也能發揮諸如藍圖的功效，而KPI的設定，如果能有員工共同參與，則將更有助於創造共識與引導努力的方向。

摩爾定律

大家熟知的摩爾定律（Moore's Law），就是一張「改變未來」的技術藍圖。

故事要從1965年講起，當時擔任快捷半導體（Fairchild）研發部門主管的戈登・摩爾（Gordon Moore），發表一篇文章指出，自1959年以來，積體電路上的電晶體密度以每年倍增的速度增加，並且預測這趨勢會至少持續到1975年。等到了1975年，基於在單晶片上植入更多元件的技術挑戰增加，摩爾又修正先前的預測，並預測積體電路上可容納的電晶體數目，約每隔18~24個月會增加一倍。

經過近三十年的產業發展，摩爾的預測事後證實幾乎完全符合。政府官員、半導體產業協會，乃至電腦製造商與軟體公司，均遵從摩爾的預測訂定相關政策與措施。而根據摩爾今日的說法，他當時只是對產業創新的速度，做出大致的推斷，以提供未來發展的指引，摩爾定律變成「黃金律令」，摩爾本人也深感意外。

雖然身為快捷半導體的創辦者之一，摩爾在1968年離開快捷，與鮑伯・諾宜斯（Bob Noyce）共同創立英特爾。在半導體產業早期的研發，摩爾可以說扮演重要的角色，但是，他在1965與1975年相繼提出的預測，事實上並沒有受到太大的重視，而英特爾在初期發展階段，也似乎未能順利趕上或證實摩爾的預測。然而自1975年起，摩爾開始努力地在

許多公開的演講場合以及學術研討會上宣揚他的理念，等到英特爾逐漸在半導體業占有重要地位後，摩爾預測漸漸被大家接納。

因為接受摩爾的預言，半導體廠商隨後的資源分配決策，也就依此假設而前進，進行技術開發，並快速擴展到其他新興領域。而伴隨著英特爾的快速成長，與相關產業成員投入更多時間、精神與資源，去追尋摩爾的預測，摩爾預測也不斷被產業界所推動與實現，「摩爾預測」順理成章地變成了「摩爾定律」。

時至今日，摩爾定律不只是指引半導體技術進展的重要產業智慧外，也是英特爾的重要企業價值與願景。因此當英特爾執行長克瑞格‧貝瑞特（Craig Barrett）堅定地表示：「摩爾定律將在未來十五到二十年依然有效，就像過去二十多年一直有效一樣」時，我們就不須太去質疑它的正確性。因為摩爾定律一直是個驅動英特爾繼續前進的願景與技術藍圖，而不只是一個單純的技術預測。當預測變成信仰，信仰就會產生力量，而有了力量，就可「競爭大未來」，追求創造性破壞。

相同的，LED產業也有一個海茲定律（Haitz Law）：LED的亮度每十年會提升20倍，成本則將降到現有的1/10。這個海茲定律，跟摩爾定律一樣，都是自我實現的預言。

企管顧問

很多跨國企管顧問公司的顧問師，在進行企業診斷與諮詢時，都必須在很短時間內，抽絲剝繭事物、再合併彙整，加上團隊的腦力激盪，最終提出解決問題的初步假設及方向。這時，這些顧問師，就會運用各式各樣的藍圖來落實診斷，指出方向，樹立權威，完成交易。而這些藍圖中，也都會清楚指出，在什麼時間點，公司會需要哪些協助，以及必須再引入顧問公司可提供的哪些產品與服務。「項莊舞劍，志在沛公」，對顧問師而言，藍圖，不只是指出改革路徑的指揮棒，也是改變顧客購買行為（點石成金）的仙女棒。

前瞻

前瞻原本的意義，是有系統地探究目前隱而未顯的趨勢，預見長期演進的方向，觀察社會未來可能會出現的改變。然而，前瞻的目的不只是前瞻未來的確定趨勢，就如林肯所說：「最好預測未來的方式就是創造未來。」前瞻，也是創造對話空間，凝聚大家共識，進而指引出未來發展方向的願景地圖。

實際操作上，領導人與創新者可藉由技術前瞻的方式，向員工或大眾指出未來的必然趨勢，提供必要的因果關係或背景資訊說明，增進他們的了解，並說明其中的邏輯，最後再說明為何要以其所發展的創新產品、服務或商業模式做為

最佳解答。

微軟帶領網路浪潮

1995年5月26日，微軟（Microsoft）創辦人比爾‧蓋茲（Bill Gates），向公司高管遞交有名的「網際網路浪潮」（Internet Tidal Wave）備忘錄，描述（或是警告）未來網際網路將會如何對資訊與運算環境帶來根本的改變 ＊。蓋茲便是運用前瞻策略，尋求內部員工的共識，並引導實現後續各項策略性的技術與產品創新。果不其然，幾個月之後，1995年8月16日，微軟就快速推出Internet Explorer，繼續引領網際網路時代的個人電腦霸主地位。

康寧玻璃的前瞻策略

2011 年，康寧曾經拍攝一支在網路上廣為流傳的影片：「玻璃構成的一天」，片中勾畫了未來玻璃在人們日常生活中所占有的重要地位。這支影片就是康寧的前瞻創新策略，康寧透過這支影片，告訴各行各業，未來玻璃的應用無所不在，所以與這支影片裡曾經出現的任何產品有關的製造商（包括：家電、汽車、書報等等），都應該跟康寧合作，開發未來更多的玻璃應用產品。

換句話說，康寧透過這支前瞻未來玻璃世界的影片，來

＊ 資料來源：http://www.lettersofnote.com/2011/07/internet-tidal-wave.html。

教育他的潛在合作夥伴，投入開發玻璃的未來無限應用，也因此讓康寧在玻璃上的創新更能受到各界的接受與喜愛。

情境規劃

　　情境規劃技術，主要用於建構未來可能出現的各種情境，並提出各種可能的因應之道。在應用上，企業也可以透過形塑未來各種可能的情境，同時利用情境中的某些可能趨勢來合理化創新的內容，以期讓大眾對產品與服務產生信心。

　　如果說，藍圖與前瞻都在嘗試描繪一個確定的未來，情境規劃就是在努力建構各種可能的未來。建立一個情境規劃，也就是擴大參考架構，提供多面向的思考觀點，讓聽眾或觀眾可以更寬更廣地思考問題所在。

　　因為在願景的描述上，做到「有備無患」，在策略的執行上，就能夠「有恃無恐」。運用情境規劃來做創新，表面上看似「防微杜漸，防患未然」，實際上，也可以是一種「木馬屠城記」，用各種可能的方案，來包裝並合理化新產品的功能與應用。

　　雖說技術藍圖、前瞻、情境規劃，三者都是著眼提供未來發展的預測（並提供解決的方案），但他們還是有本質上的差異。技術藍圖著眼於一個明確的當下，所預見的一個明確的未來。是「從○到一」，畫出一個明確的路徑。前瞻則是從很多明確的當下，去預見一個明確的未來。很多的當下

所構成的就是隱而未見的**趨勢**。前瞻所關注的是未來的結果（只看「一」），因為路徑很多，所以不談路徑、過程。情境規劃所關注的也是很多明確的當下，但所設想的結果則是一個互相替代的未來，或是一個範圍內的未來。

膠卷相機

早期，攝影是一門非常專業的技術。就像我們會在黃飛鴻時代的電影裡所看到的攝影情節：首先要準備好玻璃基板，放在相機的背面，拍照時讓光線從相機的鏡頭穿過並聚焦在玻璃基板，然後小心翼翼地將玻璃基板取出，進入暗房中利用化學藥劑與專業設備，將影像沖洗出來。

1882年，柯達推出的膠卷相機，免除裝置玻璃基板的動作，設計簡潔，移動性佳，但缺點是攝影品質不佳，不被專業攝影師與業餘玩家接受，甚至市場還質疑是否有發展膠卷技術的必要性。

為了推廣膠卷相機，跨越龍捲風暴中的鴻溝，柯達進行一連串的市場推廣計畫，其中最重要的一項就是結合「創新」與「傳統」，將膠卷相機轉換成人們日常生活中不可獲缺的一部分。

首先，柯達將「攝影」與「旅遊」掛勾，在相機廣告中強調冒險精神，鼓勵人們在旅行過程中，利用方便的膠卷相機，記錄異國風情。慢慢的，照相留念變成旅遊過程中最重要的儀式；每到一個新的旅遊地點，人們想到的第一件事就

是照相留念，特別是站在知名的景點前面，以便回去之後，告訴別人我來過（相信去過比利時的人，應該都有一張與尿尿小童的合照），至於自己是否真正享受到遊玩的樂趣，反而是次要。照相不僅成為旅遊最重要的目的之一，同時也隨著蒐集和世界各地不同景點的合照，延伸代表自己獨特的社會地位。

其次，柯達將「照相」與「家庭」結合，在由男性專家所主導的攝影界裡，推出年輕、時髦、獨立且手持相機的柯達女孩廣告，藉由女性的角色，將照相變成家庭生活的重要活動。柯達也強調拍照的即時性與趣味性，推廣相片月曆與相簿，藉由保存與分享，不斷的延續與再造快樂的家庭生活。

在一片強調專業與美學的攝影界裡，照相品質較差的膠卷相機，原本勝出機會渺茫，但是柯達巧妙的將「攝影」放進「旅遊」與「家庭」等傳統日常生活裡，藉由規劃與勾勒未來美好情境，賦予攝影新的意義，進而改變大家對照相的接受度。

2014年，俄羅斯的Alfa銀行看到穿戴裝置的趨勢，推出一項新的服務，讓客戶的跑步資料可以與銀行系統相連結，之後，客戶跑得愈多，存款利率也會隨之往上調整。Alfa銀行將無聊的「儲蓄存款」活動，構框了一個「跑步運動」的圖像與「健康生活多美好」的情境，真可說是「詩中有畫，畫中有詩」，是幅好畫，也是個好招術。

負面情境的警示作用

柯達推廣膠卷相機，運用的是對未來美好情境的描繪。相反的，企業也可以用負面的情境，來強化大家對創新的接受度。

電影《浩劫重生》（*Cast Away*）劇中有個場景，擔任聯邦快遞（Federal Express）經理人的男主角湯姆·漢克（Tom Hanks）飛到莫斯科分公司，為俄羅斯員工說明公司的經營使命，「每個聯邦快遞辦公室裡都有鐘，因為我們以時間為中心生活，永遠不可以對時間置之不理，永遠不允許自己犯下失去時間觀念的罪行！」為了能深入人心，漢克利用他從美國孟菲斯寄給自己的一個煮蛋計時器，來告訴大家這趟旅程到底花了多少的時間，「87小時是個可恥的紀錄」。劇中的男主角就是經由創造一個活生生的負面情境的方式，來激勵大家，時間對於聯邦快遞的重要性。換句話說，這就是利用「情境塑造」來強化聯邦快遞所追求的「唯快不破」的策略。

台灣的巨大捷安特自行車，在剛開始研發碳纖維腳踏車時，問題重重。董事長劉金標為了宣示創新的決心，就曾當著員工的面銷毀一千台品質有瑕疵的成品。劉金標的作法就是告訴員工，如果未來再做不好，還是會全部銷毀，沒有退路。這給員工一個未來的想像，不創新、就毀滅。

2013年，海爾的執行長與創辦人張瑞敏，受邀到美國管

理學會（Academy of Management）年會演講，席間他也講了一個跟巨大類似的故事。1985年，海爾剛推出冰箱，客戶就來電反映冰箱品質有問題，因此張瑞敏要求徹查倉庫中的所有冰箱，其中發現76台的冰箱是有問題的。因為當時一台冰箱的價格約為一名工人兩年的薪資，因此員工央求張瑞敏將有瑕疵的冰箱便宜賣給他們。但是張瑞敏直接拒絕，反而找出導致冰箱出現瑕疵的員工，讓這些員工親手砸了這批有瑕疵的冰箱。張瑞敏的作法也是透過描繪未來的負面情境，告誡員工，唯有做出有品質的冰箱，否則未來就沒有出路。

有拜有保庇，度過危機

很多企業都會有特定供奉的神明，當遇到危機時，也都會求籤問卜，「不問蒼生問鬼神」。例如1984年，還在草創初期的宏碁，市值4,000多萬的IC零件遭竊，幾乎危及公司生存，創辦人施振榮便請來老家彰化鹿港城隍廟的「范將軍」坐鎮。2010年5月底，當鴻海富士康發生一連串員工跳樓問題最嚴重時，郭台銘親赴深圳處理危機，第一件事就是祭拜土地公。這些都是屬於運用情境規劃的造勢技巧，來突破當時的困境。

2015年農曆過年期間，傳出台南南鯤鯓代天府，抽出「武則天坐天」的國運籤，被認為是在預告民進黨的蔡英文，將在2016年成為台灣首任女總統；同樣的，南投雷藏寺的蓮生活佛，也傳出看到「雄鷹盤旋」，暗示副總統吳敦

義，可望更上一層樓。這都是拜請神明前瞻未來的選舉造勢手法。

因為情境規劃是用來釐清撲朔迷離未來的一種分析方法，而請來神明助陣，就有一種對未來的必然保證，消除眼前的不確定，也讓大家對未來情境有比較安全的想像與期待。這不只是「有拜有保庇」，也是透過描繪未來的必然正面情境，鼓舞員工與大眾，面對挑戰，度過危機，引領變革，進而邁向未來的康莊大道。

十二探子的故事

摩西帶領希伯來人出埃及，尋找新天地時，曾照著神的指示，先派十二位探子前往迦南美地探路，「你們從南地上山地去，看那地如何，其中所住的民是強是弱，是多是少，所住之地是好是歹，所住之處是營盤是堅城。又看那地是肥美是瘠薄，其中有樹木沒有。你們要放開膽量，把那地的果子帶些來。」

四十天後，他們回來了，告訴大家說：「那地果然是流奶與蜜之地。請看，這就是那地的果子，長得碩大又肥美。」

然而，其中十位探子也提出警告：「可是，那地的居民比我們高大，城邑寬大又堅固！我們不能上去攻打那地的居民，因為他們比我們強壯。那裡的人都身量高大；和他們相比，我們如同蚱蜢一樣，他們看我們也是如此。」

聽完後，民眾大發怨言，也失去了信心，想打退堂鼓。

另外兩名探子，迦勒和約書亞，因為有專一跟隨神的信心，也知道民眾有與神同在的力量，因此就在這個時候，勇敢站了出來，安撫群眾，鼓勵大家，迦勒堅定地說：「我們立刻上去得那地吧，因為我們足能得勝。」

成功與失敗，在於你看到什麼，相信什麼。賦名創新的具體實踐，就是要讓大家看到「流奶與蜜」，要讓大家相信我們「足能得勝」。「以神之名」也是「師出有名」，領導者與經理人要像迦勒看齊，有專一的心智，堅定的信仰，帶領部屬進入他所描繪與應許的藍海之地。

比喻

比喻，包括類比（analogy）與隱喻（metaphor），是將一件事物指成另一件事物的修辭法或翻譯過程，它可以使聽者藉由類推的方式，透過一件熟悉的事物，了解所要傳達事物的特徵。例如，電影《KANO》的棒球教練近藤兵太郎用「草木皆兵」的比喻，教導孩子們棒球的攻防技巧：「攻擊要像樹，要強硬，火力才會猛烈，防守要像草，要柔軟，移動才會快速。」

華碩的平版電腦，「變形金剛」，讓消費者很容易了解平板與筆電間轉換的便利性，就是一個善用比喻，成功推銷產品創新的案例。

　　南京鐘山山麓明孝陵景區，有一塊著名的「治隆唐宋」
匾額。據傳這是康熙皇帝南下金陵時，了解朱元璋的開國事
蹟後有感而發寫下的。姑且不論朱元璋對明朝的治理是否比
唐、宋興隆，「治隆唐宋」四個字除了表達對前朝政府的
肯定外，也隱含康熙自己願意「見賢思齊」，甚至是表達出
「有為者亦若是」的態度，這對於收攬民心、籠絡江南士大
夫，鐵定是有幫助的。換句話說，「治隆唐宋」就是用來對
抗「反清復明」。

　　好的比喻能讓聽者迅速了然，更容易接受原本不熟悉，
或不易理解的事物。對一般人而言，愛因斯坦的相對論就像
是「外星人的語言」，但愛因斯坦就懂得以「美女與火爐」
的比喻，來解釋他的理論：一個男人若跟「林志玲」在一
起一小時，感覺就像一分鐘那麼快，但如果坐在火爐上一分
鐘，又會感覺像一小時那麼久，這就是相對論。

　　乾隆下江南，因緣際會品嘗到當地家常菜「菠菜燒豆
腐」，給皇帝吃菠菜、豆腐，他肯定不高興，因為這是便宜
貨，但把這道菜改名叫「金鑲白玉板，紅嘴綠鸚哥」，境界
馬上大不同。王安石的《泊船瓜洲》，第三句初寫為「春風
又到江南岸」，覺得不好，後來改為「過」字，但還是覺得
不好，再改為「入」字，然後又改為「滿」字，陸陸續續
換了十多個字，最後才確定為「綠」字：「春風又綠江南
岸」。一字比喻之差，就有天壤之別。

路德‧金恩善喻空頭支票

比喻的重點就是要能活用、善用、巧用語文字彙，既講究修辭的技巧，也強調創意的連結。美國已故黑人民權領袖馬丁‧路德‧金恩博士（Martin Luther King Jr.），就是一位善用語彙的領導人。1963年8月，當他站在華盛頓林肯紀念堂的階梯上，對著25萬民權支持者發表《我有個夢想》的演講，他將美國憲法比擬為「本票」，但對黑人來說這卻是一張「空頭支票」，背後還加註「存款不足」₃。金恩博士的演講成功打動美國民眾，並催生了1964年的民權法案（Civil Rights Act）。

「心有戚戚焉」的比喻式語彙，頗能喚起當下群體的行為動機，當內心有了共鳴，就會有行動的誘因，付諸行動就會有改變的力量。

山寨機＝草根創新

中國很流行的山寨手機，以「山寨」來比喻與包裝原本的黑手機，進而取得創新的合理性，就是個有趣的案例。

山寨兩字起源自《水滸傳》的梁山泊一〇八條好漢，這些山寨英雄都是對當時國家體制不滿，而另起爐灶與朝廷相抗爭的非正規軍。譬如「林沖夜奔」，林沖本來是八十萬禁軍教頭，因為受到當權者的迫害，所以才在滿是風雪的夜晚投奔上梁山。

拿《清明上河圖》來跟《水滸傳》對照，就會更加清楚當時的情況。《清明上河圖》所描繪的是北宋汴京（開封）的民生富庶，是國家既得利益者聚集的地方。而同一時期的作品《水滸傳》所敘述的，則是生活清苦的百姓，特別是對貪官汙吏的長期不滿與埋怨。就如《水滸傳》「智劫生辰綱」裡，白勝唱的那首歌：「赤日炎炎似火燒，野田禾稻半枯焦。農夫心內如湯煮，公子王孫把扇搖！」唱出了平民百姓對「汴京人」的不滿情緒。所以，山寨在中國就產生了行俠仗義，劫富濟貧的合理性。

中國手機原本是國家扶植的產業，政府規定只有少數幾家有執照的公司可以生產，有些草根創業家起而挑戰這樣的政策，自行研發手機在地下市場流通與販售，漸漸的，這類手機被稱為「山寨機」。山寨機就是一種革命軍，代表對於現有體制、政策不滿的一種革命、創新精神。山寨機，不是品質低劣的手機，而是具備破壞式創新潛能，能夠挑戰主流標準的「草根創新」、「自主創新」。聯發科董事長蔡明介就曾說：「今日山寨，明日主流。」甚至中國大陸工信部副部長楊學山，後來也說：「山寨是從模仿到創新必經的道路。」

2011年，我到重慶出差，有天下午到住宿飯店旁的超市閒逛，看到有賣海內外許多知名歌手的CD，而且都是「精華版」，我很好奇地問服務員，這些盜版的品質好嗎？服務員馬上認真的糾正我的話，「不是盜版，是山寨版。」

　　不管是「山寨機」，還是「破壞性創新」，都是運用隱喻、對比、寓言來為革命事物正名，做到「一語天然萬古新」（金代文學家元好問《論詩三十首·其四》），讓創新變得更為理所當然。

白熾電燈被市場接受的過程

　　山寨機在挑戰主流技術與產品的過程中，善用比喻，彌補其資源與正當性的的不足。即便是明顯技術優越的產品，也可能面對市場固定的消費習慣，而須善用隱喻與比照的手法，來跨越鴻溝，為創新說理與造勢。電燈的發明與推廣，是另外一個應用案例。

　　電燈首次吸引大眾的注意可溯自1808年，但當時的電氣照明技術不佳，品質也不穩定。較佳的白熾電燈技術從1838年才開始發展，而在1859年時，才由法瑪（Moses G. Farmer）開發成功。愛迪生則在1878年9月才開始投入白熾電燈的開發，並於1879年10月22日，點燃第一盞真正具有實用價值的電燈。然而，這時愛迪生面對的是一個已經普遍使用煤氣燈的市場環境，完善的煤氣運銷管道，以及幾近於寡占的煤氣產業。

　　為了突破此困境，愛迪生以他的技術創新為基礎，搭配穩健設計（robust design，也譯為「柔韌設計」），來推廣產品。穩健設計的概念源起於學者分析西洋棋賽的攻防過程後了解到，棋手並不只是仔細分析對手所有可能的行動

後，從中選擇一個能夠達成自己策略目標的最佳行動，因為這樣會讓棋手無法即時反應賽局的變化。反之，棋賽高手每一步行動除了會考量對手的下一步可能行動外，也會同時保持自己反應的彈性與空間，這樣的戰術被稱為「穩健行動」（robust actions）[4]。後來的學者延伸這概念，提出「穩健設計」的原則；穩健的創新設計，就是能夠利用大眾熟悉的語言、圖像，來解釋與行銷新的產品或服務，進而讓人們能輕易地從舊世界的框架來接受新事物，同時也能在推廣行動中隨時保持應變的彈性與能力＊。愛迪生的電燈，就是一種借力使力、用舊世界包裝新發明的穩健設計[5]。

首先，愛迪生將其發明，包裝在大眾既有的認知與習慣之內。如在電力系統運作方面，愛迪生模仿當時的煤氣照明系統，以電力站方式集中產生電力，再配送到各個家庭與辦公室，以及販售給旅館、商店與工廠等單位。

雖然愛迪生深知煤氣燈的12瓦特亮度不利於閱讀與辦公，而且白熾電燈能提供更好的照明亮度，但是他仍參考現有市場產品功能，發展出約略相同亮度的燈泡。他也參考煤氣照明的作法，採用地下化的方式鋪設電力輸送管線。而即

＊　穩健設計也是品質工程的一個重要概念，指的是在變動的環境中，產品依然可以穩健地運作。統計學的「貝氏定理」（貝氏更新）告訴我們如何運用新證據修訂原有的看法。不管是前者所強調的產品設計功能應考量環境變異影響的敏感度，或是後者所考量如何納入隨機事件的影響而求解，都與這裡所談的創新的穩健設計（從既有架構中發展新創產品）有異曲同工之妙。

使愛迪生還來不及發展出「電表」，他仍堅持參考煤氣公司的作法，採用量表計價，而這也使得愛迪生的早期客戶，可以免費使用六個月的照明電力。

據此，愛迪生並非直接挑戰既存煤油點燈的技術環境，也不期待他的創新發明馬上改變人們的世界，而是藉由比照與模仿煤氣燈的使用環境，在既存熟知的制度系統下，讓他的電燈能夠漸漸地被消費者接受。而在這些努力之下，到了1892年，也就是愛迪生投入白熾電燈研發十五年後，電力照明才幾乎取代已經超過半世紀的煤氣燈。

說故事

故事是對於一件或多件事物來龍去脈的真實描述，有時也會加點虛構或誇張的章節，故事和舉例的最大差別在於敘述過程中，加入情感的成分。故事打動人的方法和辯證論理的情況並不相同，因為好的故事會產生情感連結。好的故事往往會比事實更讓人感覺到真實，因為故事是多面向的，它結合了時間、人物、事件、行為、結果，以及感知的細節。就像公司價值觀的傳遞，通常都用說故事、講傳奇的方式，來告訴大家。一個好故事可以影響人們對事實的認識與詮釋，並產生情感上的連結，而唯有打動內心，事實才會有影響力。會說故事，就能發揮改變的力量 6。

創新，也要會講故事。將創新主題包裝在故事裡，可以幫助大眾吸收，進而認同理念意涵，同時也被認為是行銷

與推廣新產品與服務的最有效工具之一。述說一個簡單、有趣、清晰易懂的故事，不但可以將產品的意義更快地傳遞給讀者，建立起聽者、消費者的信任感，並更有機會被轉述，增加影響力。對新創公司而言，說故事也是克服「新之不利」的重要策略。透過故事，呈現公司的清楚定位、陳述降低風險的方法、導引聽者用心中熟悉的元素去理解新創過程中的不熟悉，進而能獲取投資者信任與資金挹注，一直都是企業家能否「見龍在田，利見大人」的關鍵所在[7]。

文化底蘊

2005年，台北故宮博物院以館藏墨寶黃庭堅《花氣薰人帖》為主題，拍攝第一部形象廣告「OLD is NEW」，同年所投資拍攝的第一部電影《經過》，則取材自蘇東坡的《寒食帖》，雖說這兩樣作品，都可稱得中國書法史上的極精品，但它們可以雀屏中選，也是來自於背後豐富的故事情境。

《花氣薰人帖》寫的是一首七言絕句：「花氣薰人欲破禪，心情其實過中年。春來詩思何所似，八節灘頭上水船。」（請見P277圖3）故事背景是當時的駙馬爺王詵喜歡寫詩，寫好後，又喜歡搞學術交流，找來大詩人黃庭堅「和」他的詩。本來黃庭堅一直不理睬，但王詵是個有心人，派人不斷送花給黃庭堅，提醒他快點「和」詩。於是黃庭堅就寫了這首《花氣薰人帖》，想跟王詵開開玩笑。

　　《寒食帖》（請見P278圖4），則是蘇東坡被貶黃州第三年所作，「自我來黃州已過三寒食，年年欲惜春，春去不容惜……也擬哭塗窮，死灰吹不起。」等等，詩意滄桑，真切地表達蘇東坡坐困愁城、抑鬱寡歡的心情，頗讓人產生「心有戚戚焉」的同情感慨。

　　相較之下，其他書法大作，例如：王羲之的《快雪時晴帖》只是一封問候遠方友人的短簡（現存版本可能是唐代摹本，並非真跡），顏真卿的《祭姪文稿》（請見P278圖5）雖是書法極品，不只感情流露，故事也很動人，但這是一篇祭文，並不適宜當作大眾文宣用品。相對的，《花氣薰人帖》有「花氣」又有「禪風」，《寒食帖》除了有蘇東坡的「普羅文化」背景加持外（即便不認識東坡先生，也曾聽聞江浙名菜「東坡肉」），又因曾經流傳日本，歷經火災，幾番波折之後才又回到台北故宮，這都豐富了敘事的內涵與想像的情境 8。

身體語言

　　要讓大眾理解創新的重要性，關鍵不僅是單純運用言語、比喻而已，如果能善用身體語言，包括：聲音、肢體和臉部表情，為大眾畫出一個生動的圖像，便能形成一種延伸的理解模式，使創新的構想更容易被大眾接受與牢記。

　　例如，今日鍵盤的產業標準，QWERTY鍵盤，當年設計的重點，就是在第一列包含「typewriter」（鍵盤）這幾個英

文單字，讓行銷人員在試打「typewriter」時，只用到第一排字母，這樣就不會產生卡桿的問題。另外，將最常用的字母放置在相反的方向，以便在打字時可以產生低干擾性與高速度的幻象。這就是一種運用手勢及表演，來為創新產品造勢的案例。

人天生就是懂得表演的動物，領導者與經理人可運用表情、眼神、站姿、手勢、語調、穿著的服裝，來呈現無聲的身體語言，將所要表達的意義，烙印到群眾的心中，為他的事業、產品或服務造勢，甚至樹立個人的權威與領導風格。

賈伯斯的迷人演出

蘋果創辦人賈伯斯就是善用身體語言的高手。在蘋果新品發表會上，賈伯斯常以他獨特的生動演出，吸引眾人及媒體的目光與掌聲，以強而有力、又很生動的方式，來推廣公司的新產品。

2001年10月，賈伯斯在蘋果新產品發表會上，把iPod放進自己的牛仔褲口袋然後說：「iPod，把1,000首歌曲放進你的口袋裡。」（iPod, 1,000 songs in your pocket）。2008年1月，賈伯斯又有另一次生動的表演，這次他從一個A4大小的牛皮紙袋中抽出MacBook Air。這不只是一款當時最輕薄的筆電，還有創新的設計。這也是運用身體語言來為新產品造勢的最精采演出。

不戰而屈人之兵

晚清杭州商人胡雪巖早年的發跡，靠的就是在別人面前，以顯露真實情感的方式，來贏得別人的信任。高陽《紅頂商人》評論胡雪巖在社交場合的肢體語言：「其實胡雪巖的手腕也很簡單，胡雪巖會說話，更會聽話，不管那人是如何言語無味，他能一本正經，兩眼注視，彷彿聽得極感興味似的。同時，他也真的是在聽，緊要關頭補充一、兩語，引申一、兩義，使得滔滔不絕者，有莫逆於心之快，自然覺得投機而成至交。」對胡雪巖而言，「掌握好嘴和耳，就掌握了整個世界」。

肢體語言的表現，除了可以透過身體各部分的動作；例如：抱拳、插腰、搔癢、揉眼、雙手在後、擁抱時的拍背動作、握手時的力道，以及說話時的視線落點之外；也可以運用某種行為舉止或方式表達訴求，達到造勢效果。

據說，季辛吉開會時都是慢吞吞的，因為他會故意遲到十五分鐘，來表現自己的權威，讓人「立而望之」。2014年初，台北市長柯文哲（柯P）與遠雄董事長趙藤雄會面討論大巨蛋工程爭議時，柯P也是「故意」遲到十五分鐘，還中途離席，目的不外就是要表達「藐視對手」的行止，在財團老闆面前展現威勢，達成「不戰而屈人之兵」的效果。政治人物以遲到表現威勢，商場大亨有些則視早到為個人風格，例如，華人首富李嘉誠就習慣將他的手錶撥快八分鐘。

　　不管是姍姍來遲，還是提前抵達，策略的目的都是為了要造成對自己有利的態勢，達到乘勢而行的效果。

　　肢體動作的目的是造勢，但有時不動作也是一種動作，同樣也可透過取得道德制高點的方式，達到造勢的目的。傑基・羅賓森（Jackie Robinson）是美國職棒大聯盟第一位黑人球員，因為第一，所以面對種族歧視的問題與壓力也就最大，然而不管是隊友的杯葛，或是對手的嘲弄，他都是「橫眉冷對千夫指，俯首甘為孺子牛」（魯迅名言）。就像在電影《傳奇42號》裡所演出的，不管費城人隊的教練如何叫罵、羞辱，羅賓森都是忍住不發，視而不見，聽而不聞。但也因此，反而達到「無聲勝有聲」的效果，羅賓森逐漸地得到隊友與觀眾的支持，並在大聯盟站穩他的腳步。

施教揚聲，言象事比

　　《論語・泰伯篇》：「民可使由之，不可使知之。」宋代大儒朱熹如此解說：「你可以叫人民去做什麼事情，但是你不須讓他們知道為什麼要做這樣的事情。」朱熹原來的句讀，似乎讓孔子背負了「愚民政策」的濫觴。

　　我個人認為正確的句讀應該是：「民可，使由之；不可，使知之。」如果人民（或者是企業裡的員工、消費者、供應商）認可你的政策（或是產品、服務），你就可以隨他們任意去做；如果人民（或者是企業裡的員工、消費者、供應商）不認可你的政策（或是產品、服務），你就要告訴他

們為什麼要這樣做。

　　創新，代表對現狀的改變，本來就會有很多障礙要克服，所以常會有「不可，使知之」的情況出現。所以需要「賦名」，為新產品正名，協助大眾接受改變，也就是說，創新必須做到師出有名。

　　如何做到師出有名，首先要把握「施教揚聲，言象事比」。《鬼谷子‧忤合》：「是以聖人居天地之間，立身禦世，施教揚聲，明名也。」這裡的「施教揚聲」，就是要能夠透過語言與說服的技巧，建立有利的地位與名分。

　　《鬼谷子‧反應第二》也談到：「言有象，事有比。」意思是說，當你講話的時候，要懂得連結具體景象，讓聽的人可以印象深刻。對於事物的描繪也應善用比喻，讓人可以清楚了解。「施教揚聲，言象事比」這八個字，也很傳神地點出本章所要講述的各種「賦名創新」策略的重點。

　　賦名創新就是要在「施教揚聲，言象事比」的指引之下，吹奏出「碧海潮生曲」，把自己的願景與目標，具象化為能激發與鼓動追隨者前進、改變、賣力演出的不二法門。

結語

懂得招式，又精心法

　　本書所介紹的創新策略，包括：能力、定位、簡則、整合、開放、賦名六項，代表六種關鍵的創新思維。能力、定位、簡則偏重於內功心法，講述企業如何培養、提升與維持創新力的道理。整合、開放、賦名則偏向於外功招式，講述可為企業所習、所用的創新策略。

　　心法引領招式，不管是能力、定位或是簡則，都在界定組織的策略邏輯與創新方向，有了邏輯與方向，才可以有意義地、自信地選擇所需要的招式或策略，不管是授權、外包、聯盟、跨界學習、故事行銷等等。只重視招式，不求心法，就會像郭靖跟著江南七怪學功夫，雖然拳腳刀劍，杖法槍術，十八般武藝樣樣俱全，但苦學十多年後，最多就只能像個駱駝一樣，雖然身強體壯，但缺乏真正的威力。最好是：有了招式，又懂心法。就像郭靖因曾受於全真教丹陽子馬鈺傳授運功法門，所以能在短短一個多月內，學會洪七公「降龍十八掌」中的十五掌，儼然可以成功晉身武林高手的行列。

　　本書介紹的六種思維，目的是在協助管理者，更容易理解和描述親身所經歷的創新活動與變革實務。這六種思維，形成一個理論框架，將混沌未明、浩瀚無垠的創新活動與實

務，簡化成合乎邏輯的推論性總結，形成先於經驗的知識。不管你有無產業實務經驗，也不管你是否只有特定的學經歷，本書各章的分析內容，都能傳授讀者征服創新武林的變革「原力」。

　　這六種思維，也是研究方法，它協助管理者跳脫固有的習慣與思維，再度回到自己的內心世界與主觀判斷，冷靜地、客觀地分析所遭遇的問題與面對的挑戰。日常世界必有真理，答案也可能唾手可得。只要我們能夠忘記過去，暫時把我們倚賴的知識、經驗與判斷「加上括號，存而不論」（胡賽爾），直接回到事物本身、問題的本質，然後翻開本書，就可以獲取創新的觀點，找到更好的解決方案。

書中有畫

　　小時候，我的第一個課外家教是美術，雖然日後成不了畫家，但我仍然對藝術深深著迷，特別是中國山水畫（我也相信，大多數中國人心中，都有屬於自己的一幅山水畫）。這裡，我舉一些中國傳統繪畫為例，做些天馬行空式的聯想，再一次回應本書所介紹的「創新六策」。

　　首先，當我整理與爬梳「能力創新」的各個論點時，我總會想到北宋范寬的《谿山行旅圖》（請見P279圖6）。此圖呈現一座巍然聳立的大山，身為一個賞畫者，雖不知山中歲月，但感受得到氣勢萬千，對應右下角的一旅馬車行隊，更讓賞畫者感受到，在范寬畫筆下，谿山所呈現的雄偉厚重、

波路壯闊的大千景象。利用這畫（以及此巨山）來對比「能力創新」所強調的「本固任從枝葉動」，感覺應很貼切。能夠驅動創新的核心能力，必定是在時間的淬鍊下成為文化的一部分，進而達到「高山仰止」、「不動如山」的境界。

　　宋人將中國山水畫推到歷史頂峰，但北宋與南宋也因為朝代的動盪，各自表現出獨特的風格與特色。北宋的文人、爺們習慣以大山為主體，強調山的神魂、仙氣與穩定性，畫中總見中峰鼎立，或是峰峰相連。南宋的文人墨客偏安江南則喜歡畫水，追求水的自然靈動與風情氣度，畫面留白的地方愈來愈多。因為「兵無常勢，水無常形」，以南宋的水墨畫，來對比強調「避實擊虛」、「因機制變」的「定位創新」頗為貼切。

　　例如，開闢南宋畫風代表人物之一的李唐，在所創作的《江山小景》（請見P279圖7）裡，位於中間的主軸，是一條虛無飄渺、寬闊空蕩的江河，畫面的下方和右上角則散布山林小路、寺廟庭院等實景具象，整幅畫作呈現出的面貌可說是「實裡有虛，虛中有實」。畫中流水所表現出的波瀾蕩漾、順勢而行的自然景象，更可讓觀賞者體會到順應環境變化、「擇人任勢」的重要性。另外，畫中的許多風格、造型迥異的布景人物，搭配山水交錯的變化，也讓人感受到「多樣性」所傳達出來的美輪美奐。

　　用來對比「簡則創新」的畫作，則非潑墨山水莫屬。因為潑墨山水的繪畫方式，是以畫筆蘸墨或顏料後隨意揮灑

在紙絹上，根據出現的形狀，即興發揮與創作。因此與簡則創新所強調的「即興創作」有異曲同工之妙。潑墨山水以簡單幾筆所發揮的抽象寫意境界，也很類似簡則創新所要強調的重點：只需依據幾個簡單法則即可演化或發揮出無窮的創新。就像宋梁楷所畫的《潑墨仙人圖》（請見P279圖8），雖然沒有對人物做細部描繪，但粗拙、渾重，甚至是有點隨意的大片潑墨，卻能精妙地表現出仙人的氣度與神韻。「簡則創新」亦然，不管是「看腳下」，或是「允執厥中」，都是要能以簡約神具、瞇瞇眼的瀟灑精神（就像潑墨仙人那雙朦朧小眼一般），自信地迎向不確定性的未來。

「整合創新」，則讓我聯想到「宮廷畫」。歷朝歷代的宮廷畫師，可都是皇帝的外包商，或是被整合、收購入皇室組織的「個人工作室」。不管是為了取悅龍心，或是出於宣揚皇權，宮廷畫都必須政治理念正確，宣揚當朝的信念與價值（就像外包商要能配合分包商的策略需求與目的，如同鴻海之於蘋果）。例如，宋徽宗時領朝廷俸祿的張擇端所創作的《清明上河圖》（請見P280圖9），就畫出北宋汴京國泰民安與繁華熱鬧的景象，然而既為整合，就有「捭闔張弛」的顧慮。宋神宗時喜愛郭熙畫的《早春圖》，但宋哲宗之後，郭熙的作品甚至差點淪為桌上抹布。如果宮廷畫是整合創新的體現，那麼中國歷史上最會畫畫的皇帝宋徽宗趙佶，就是典型的垂直整合，著名的《聽琴圖》裡的三位聽眾，正中央即位儼然就是穿著道士袍服的徽宗本人，而徽宗獨創的「兩

橫兩豎」簽名，更表達出天下一人、唯我獨尊的大一統氣勢。

「開放創新」，則可以拿來與近代最有名的國畫大師張大千對比。不管是早年赴敦煌莫高窟臨摹古人壁畫，或是與西班牙抽象派畫家畢卡索的交流，都是開放創新的具體實踐。特別是他將西方抽象表現主義注入到中國水墨畫上，發展出「東與西會」、氣勢豪邁的獨特潑墨潑彩。大千大師晚年的荷畫（代表作如：七十七歲作品《鉤金紅蓮》，八十四歲作品《雨荷》、《紅妝照水》），勁筆揮灑，色彩鮮明的創作，就真切地反應出這種「讀書破萬卷，下筆如有神」的獨特風格。

又如，宋朝以前的繪畫大都畫在昂貴的絹帛上，因此主題大多局限在上流社會或皇宮貴族，直到宋元之後，印刷術的進步，讓畫紙較為普及，文人墨客的創作也更為方便普遍，中國繪畫從此可以別開生面，多彩多姿多顏色。這就是一種典型的、由供應商所驅動的「開放創新」。

「賦名創新」，讓我想到在海峽兩岸都很知名的元朝畫家黃公望《富春山居圖》（請見P280圖10）。2010年，前中國大陸總理溫家寶在一次記者會中，說到兩岸分離就像是《富春山居圖》，因大火毀成兩段，一半藏在台北故宮，一半存在浙江博物館，「我希望兩幅畫什麼時候能合成一幅畫。畫是如此，人何以堪。」以《富春山居圖》來比喻兩岸現況，進而以此暗喻希望早日見到祖國統一，就如同我們都

會很自然地希望看到《富春山居圖》山水合璧，溫家寶的談話就是典型的賦名策略，也是一首成調的「碧海潮生曲」，目的就是要採「動之以情」的方式，說進台灣民眾心坎裡。

創新六策與諸子百家的連結

本書所介紹的六種創新策略思維，雖然主要取材自產業實務與管理文獻，但核心思想可以和中國諸子百家、思想學派對比與連結。首先，能力創新可與陸九淵、王陽明的「心學」相連結。我們可以將陸九淵主張的「吾心即是宇宙」，擴充解讀為「企業核心能力就是天地、宇宙」。「心即是理」，則是強調策略、創新道理的思維要從企業本質、內在開始。

相對的，宋明理學可以對應「定位創新」。朱熹所強調的窮理盡性，是從「格物」、「向外求理求知」著手，如同定位創新重視的，從分析外在競爭環境，來決定企業的差異化定位。

簡則創新就與儒道學說的核心精神接近。《論語·里仁》記載，子曰：「參乎！吾道一以貫之。」曾子曰：「唯。」子出。門人問曰：「何謂也？」曾子曰：「夫子之道，忠恕而已矣。」忠恕就是孔子遵行的處世之道，即便深處亂世，還是「一以貫之」。「一」代表簡單，但簡單也可繁衍出複雜，就像老子《道德經》所說的：「道生一，一生二，二生三，三生萬物。」而佛（釋）教的「看腳下」寓

言，也可拿來代表簡則創新所強調的原則，也是堅定前行、隨機應變的創新途徑。

整合創新對比的就是戰國時期從事政治外交活動為主的「縱橫家」。不管是「合縱」還是「連橫」，都與整合創新強調的整合各方資源，突破既有限制有異曲同工之妙。

另外，先秦諸子的雜家，因為不具有單一原創思想，而是以取各家所長成就的學說，就是一種開放創新。雜家的代表作《呂氏春秋》，幾乎涵蓋當時社會生活的百家言論，就是由呂不韋召集當時天下各家各派學者合著而成。

賦名創新則因為強調「造勢」、「變革」、「領導的藝術」，與法家講究的「術」、「勢」相通。而戰國時期另一流派「名家」，因為提倡「端正名實」，也重視名辨與語言分析，因此與「賦名」所強調的說辭技巧互相輝映。宣揚「明鬼」、並以神明裁決者自居的墨子學派，也與賦名創新裡所談到的情境規劃相通。不管是「裝神弄鬼」，或是「向天地借威信」，目的都是提醒世人「善有善報、惡有惡報」。這種藉鬼神來合理化墨家主張的作法，也與企業供奉特定神明，求神問卜來解決危機的道理相通的。

就在一個「悟」字

就如風清揚的絕招「獨孤九劍」的精髓，就在一個「悟」字，如果能從宏觀的角度，領悟本書所講的六種創新策略之間的關係，就能夠不受各門各派的觀點所限，而能隨

意根據困難所在,釐清問題,找到方法,做出改變。不管是心法,或是招式,都可以隨意組合,創造出適合你自己的良方妙藥,獨門秘技。

常會有EMBA、MBA學生,來跟我討論他們所遇到的實務問題,我一定會認真聽,然後仔細思考問題的本質後,從我的「創新六策」裡「隨器取量」,提出我的「客製化」建議。不同的現象本質存在,需要不同的理論解釋。管理沒有萬靈丹,循證管理,對症下藥,才是上策。

所謂的大師,一定是「孫悟空」,因為有「悟」才能「空」,也因為空空如也,升級到無招術的層次,才能隨心所欲地運用本書所傳授的各種創新心法與招式,除舊興利,建功立業。

生活的創新策略

真正領悟本書所介紹的六種創新策略的內涵,與它們之間的關係,也就能將它們應用到各個不同的現象領域,做到學術研究裡常說的「普適化」(generalization)境界。創新不只局限在企業管理,也能應用到我們的日常生活上。

例如,健康長壽是每個人希望的目標,這也可以理解為一種超越平均壽命的創新、變革過程。要達成這目標,醫療保健是必須的武器與工具。如果遇有病痛,選擇中醫就是運用能力創新,因為中醫主要是根據病人出現的症狀用藥,調整人體自身抵抗疾病的能力,治病時想的是人,注重的就是

「固本培元」。

　　相對的，西藥治人時想的是病，目標是消滅細菌與病毒，不管是施以抗生素或外科手術，都是直接針對病痛所在對症下藥，所以屬於定位創新。中醫治療的是得病的人，重預防、調養，是inside-out；西醫治療的是人得的病，重視治療，是outside-in。

　　同樣是追求健康養生，簡則創新給的啟示就像是自然療法，把握一些簡單原則，例如：不時不食（不是當季食物不吃）、「過午不食」、「食不言，寢不語」，就是最好的方式。這就是一種「彈指球生活」：生活步調不快，掌握一些既定原則，雖然生活常會出現亂流，未來會往何處去也無法預知，但只要保握隨機應變，總可以做到隨遇而安。

　　中醫的能力創新，配上整合策略，就像是宋代太醫錢乙所研發出的「六味地黃丸」，用六種不同療效的藥，分進合擊，達到滋陰補腎的功效。中醫的開放創新，早已體現在李時珍的博物學著作《本草綱目》裡。講究身心合一，情緒控制方面的指導，或是運用其他的非藥物療法（例如，清代名醫傅青主、元代大家朱丹熙所專長的「情志療法」），就是中醫的賦名手法。

　　同理，西醫治病也會整合各種不同的藥品療效，「藍色小藥丸」的發明，是個意料之外的開放創新。生病看醫生，結果開給你的只是綜合維他命，就是賦名手法。簡單養生的整合策略，就是要你多參加群體活動，每天快樂地唱著「當

我們同在一起」。開放創新就是要你多培養其他的喜好，讓生活多點驚喜與樂趣，豐富你的人生，才可與天地長久。

　　而賦名的意思，是鼓勵訂定生活的目標，例如：每天都要運動，日行一善，一定要健康地活到足以參加曾孫女的婚禮，一定要完成環球旅行等等，這樣就不會「誰憐憔悴更凋零，試燈無意思，踏雪沒心情」（李清照《臨江仙》），而是總在「爭渡，爭渡，驚起一灘鷗鷺」（李清照《如夢令》）。擁有健康的人生，也是創新策略的具體實踐。

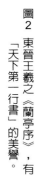

圖1　北宋米芾以「獅子捉象」之力寫出《蜀素帖》。

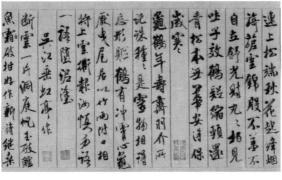

圖2　東晉王羲之《蘭亭序》，有「天下第一行書」的美譽。

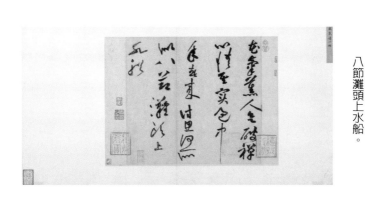

圖3　宋黃庭堅《花氣薰人帖》：

花氣薰人欲破禪，
心情其實過中年。
春來詩思何所似，
八節灘頭上水船。

圖4　北宋蘇東坡《寒食帖》，是被貶黃州第三年所
　　　作：自我來黃州已過三寒食，年年欲惜春，春
　　　去不容惜……也擬哭塗窮，死灰吹不起。

圖5　唐顏真卿《祭姪文稿》是書法極品，感情流露，故事動人。

圖6　北宋范寬《谿山行旅圖》，
　　　呈現巍然聳立大山的萬千氣勢。

圖8　南宋梁楷《潑墨仙人圖》
　　　，以粗拙、渾厚，大片潑
　　　墨筆法，表現仙人的氣度
　　　與神韻。

圖
7
南宋李唐《江山小景》，呈現「實
裡有虛，虛中有實」的氣象。

圖9　宋徽宗時期，宮廷畫家張擇端所創作《清明上河圖》，畫出北宋汴京國泰民安與繁華熱鬧的景象。

圖10　元朝黃公望畫作《富春山居圖》

筆記頁

參考文獻

導論

1 Klepper, S., & Simons, K. L. 2000. Dominance by birthright: Entry of prior radio producers and competitive ramifications in the U.S. television receiver industry. Strategic Management Journal, 21(10/11): 997-1016.

2 Rindova, V. P., Yeow, A., Martins, L. L., & Faraj, S. 2012. Partnering portfolios, value creation logics, and growth trajectories: A comparison of Yahoo and Google (1995 to 2007). Strategic Entrepreneurship Journal, 6(2): 133-151.

第一章

1 Prahalad, C. K., & Hamel, G. 1990. The core competence of the corporation. Harvard Business Review, 68(3): 79-91.

2 黃鐵鷹，2012，《海底撈你學不會》（p.69, 191）。台北：大地。

3 Eisenhardt, K. M., & Martin, J. A. 2000. Dynamic capabilities: What are they? Strategic Management Journal, 22(10/11): 1105-1121.

4 Fleming, L. 2002. Finding the organizational sources of technological breakthroughs: The story of Hewlett Packard's thermal ink jet. Industrial and Corporate Change, 11(5): 1059-1084.

5 李贏凱、洪平河（譯），2005。野中郁次郎、勝見明著。《創新的本質》。台北：高寶。

6 高芳真，2008，《組織信念與策略創業：大立光電之個案研究》。未發表博士論文，雲林科技大學企業管理學系；陳金枝、劉子歆、洪世章，2008，「大立光電，2007」，產業與管理論壇，10（4）：82-98。

7 Williamson, O. E. 1991. Strategizing, economizing, and economic organization. Strategic Management Journal, 12(S2): 75-94.

8 Hamel, G., & Prahalad, C. K. 1993. Strategy as stretch and leverage. Harvard Business Review, 71(2): 75-84.

9 Bartlett, C. A., & Wozny, M. 2005. GE's two-decade transformation: Jack Welch's leadership (Case study, #9-399-150). Boston, MA: Harvard Business School Press.

10 Frank, R. H. 2012. The Darwin economy: Liberty, competition, and the common good. New Jersey, NJ: Princeton University Press; Meyer, C, & Kirby, J. 2012. Runaway capitalism. Harvard Business Review, 90(1/2): 66-75.

11 Collins, J. C., & Porras, J. I. 2005. Built to last: Successful habits of visionary companies. London: Random House.

12 Collins, J. C. 2009. How the mighty fall: And why some companies never give in. London: Random House.

13 Christensen, C. 1997. The innovator's dilemma: When new technologies cause great firms to fail. Boston, MA: Harvard University Press.

14 于丹，2007，《于丹〈莊子〉心得》（p.40）。台北：聯經。

15 Christensen, C. M., & Overdorf, M. 2000. Meeting the challenge of disruptive change. Harvard Business Review, 78(2): 66-77; Christensen, C., & Raynor, M. 2003. The innovator's solution: Creating and sustaining successful growth. Boston, MA: Harvard Business School Press.

16 林侑毅（譯），2014。金成鎬著。《能解決問題，才是大才》。台北：高寶。

第二章

1 Porter, M. E. 1979. How competitive forces shape strategy. Harvard Business Review, 57(2): 137-145.

2 Kerin, R. A., Varadarajan, P. R., & Peterson, R. A. 1992. First-mover advantage: A synthesis, conceptual framework, and research propositions. Journal of Marketing, 56(4): 33-52; Lieberman, M. B., & Montgomery, D. B. 1988. First mover advantages. Strategic Management Journal, 9(S1): 41-58; Lieberman, M. B., & Montgomery, D. B. 1998. First-mover (dis) advantages: Retrospective and link with the resource-based view. Strategic Management Journal, 19(2): 1111-1125; Boulding, W., & Christen, M. 2001. First-mover disadvantage. Harvard Business Review, 79(9): 20-21.

3 Foster, R. N. 1986. Innovation: The attacker's advantage. New York: Summit Books.

4 Lundvall, B.-Å. (Ed.). 1992. National systems of innovation: Towards a theory of innovation and interactive learning. London: Pinter; Nelson, R.

1992. National innovation systems: A retrospective on a study. Industrial and Corporate Change, 1 (2): 347-374; Porter, M. 1990. The competitive advantage of nations. New York: Free Press.

5　Edquist, C., & Hommen, L. (Eds.). 2009. Small country innovation systems: Globalization, change and policy in Asia and Europe. Cheltenham, England: Edward Elgar.

第三章

1　胡瑋珊（譯），2005。Thomas J. Peters & Robert H. Waterman著。《追求卓越：探索成功企業的特質》（全新修訂版）（In search of excellence: Lessons from America's best-run companies）。台北：天下文化。

2　李明（譯），2000。Dee Hock著。《亂序》（Birth of the chaordic age）。台北：大塊文化。

3　Perrow, C. 1984. Normal accidents: Living with high risk technologies. New York: Basic Books.

4　戴勝益，2014年9月，「常換菜單的店難長久」，商業周刊，第1398期，第24頁。

5　Eisenhardt, K. M., & Sull, D. N. 2001. Strategy as simple rules. Harvard Business Review, 79(1): 106-119.

6　Bingham, C. B., & Eisenhardt, K. M. 2011. Rational heuristics: The 'simple rules' that strategists learn from process experience. Strategic Management Journal, 32(13): 1437-1464.

7　Tymoczko, D. 2006. The geometry of musical chords. Science, 313(5783): 72-74; Davis, J. P., Eisenhardt, K. M., & Bingham, C. B. 2009. Optimal structure, market dynamism, and the strategy of simple rules. Administrative Science Quarterly, 54(3): 413-452.

8　Collins, J. C., & Porras, J. I. 1996. Building your company's vision. Harvard Business Review, 74(5): 65-77.

9　Brown, S. L., & Eisenhardt, K. M. 1998. Competing on the edge: Strategy as structured chaos. Boston, MA: Harvard Business School Press.

第四章

1　Rao, H., & Singh, J. 2001. The construction of new paths: Institution-building activity in the early automobile and biotech industries. In: Garud, R., Karnoe, P. (Eds.), Path dependence and creation. London: Erlbaum, pp. 243-267.

2　曾育慧（譯），2007。Muhammad Yunus & Alan Jolis著。《窮人的銀行家》（Banker to the poor）。台北：聯經。

3　帕米爾編輯部（譯），1973。Peter Kropotkin著。《互助論》（Mutual aid）。台北：帕米爾書店。

4　Baum, J. A., Calabrese, T., & Silverman, B. S. 2000. Don't go it alone: Alliance network composition and startups' performance in Canadian biotechnology. Strategic Management Journal, 21(3): 267-294; Gulati, R. 1998. Alliances and networks. Strategic Management Journal, 19(4): 293-317.

5　Li, S., & Yeh, K. S. 2007. Mao's pervasive influence on Chinese CEOs. Harvard Business Review, 85(12): 16-17.

6　Eisenhardt, K. M., & Galunic, D. C. 2000. Coevolving: At last, a way to make synergies work. Harvard Business Review, 78 (1): 91-101.

第五章

1　Chesbrough, H. W. 2003. Open innovation: The new imperative for creating and profiting from technology. Boston, MA: Harvard Business School Press; Chesbrough, H., Vanhaverbeke, W., & West, J. (Eds.). 2006. Open innovation: Researching a new paradigm. New York: Oxford University Press.

2　張美惠（譯），2010。Richard Koch & Greg Lockwood著。《超級關係》（Superconnect）。台北：時報出版。

3　Boudreau, K. J., & Lakhani, K. R. 2009. How to manage outside innovation. MIT Sloan Management Review, 50(4): 69-76.

4　von Hippel, E. 1986. Lead users: A source of novel product concepts. Management Science, 32(7): 791-806; von Hippel, E. 1988. The sources of innovation. New York: Oxford University Press.

5　von Hippel, E., Thomke, S., & Sonnack, M. 1999. Creating breakthroughs at 3M. Harvard Business Review, 77(5): 47-57.

6 Prahalad, C. K., & Ramaswamy, V. 2004. The future of competition: Co-creating unique value with customers. Boston, MA: Harvard Business School Press; Prahalad, C. K. 2004. The fortune at the bottom of the pyramid. Upper Saddle River, NJ: Wharton School Press.

7 Kotha, S., & Srikanth, K. 2013. Managing a global partnership model: Lessons from the Boeing 787 'dreamliner' program. Global Strategy Journal, 3(1): 41-66.

8 Johansson, F. 2004. The Medici effect: Breakthrough insights at the intersection of ideas, concepts, and cultures. Boston, MA: Harvard Business School Press.

9 Rao, H., Monin, P., & Durand, R. 2003. Institutional change in Toque Ville: Nouvelle cuisine as an identity movement in French gastronomy. American Journal of Sociology, 108(4): 798-843.

10 張瓊方，2011年12月，「台灣美食華麗上菜」，台灣光華雜誌，第36卷12期，第6-17頁（http://www.taiwan.gov.tw/ct.asp?xItem=48397&ctNode=2652&mp=1）。

第六章

1 洪世章、曾詠青，2014，「師出有名：如何做好政策行銷」，產業與管理論壇，16（2）：26-42。

2 Lounsbury, M., Ventresca, M., & Hirsch, P. M. 2003. Social movements, field frames and industry emergence: A cultural-political perspective on US recycling. Socio-Economic Review, 1(1): 71-104.

3 Antonakis, J., Fenley, M., & Liechti, S. 2012. Learning charisma: Transform yourself into the person others want to follow. Harvard Business Review, 90(6):127-130.

4 Leifer, E. M. 1991. Actors and observers: A theory of skill in social relationships. New York: Garland.

5 Hargadon, A. B., & Douglas, Y. 2001. When innovations meet institutions: Edison and the design of the electric light. Administrative Science Quarterly, 46(3): 476-501.

6 Simmons, A. 2006. The story factor: Secrets of influence from the art of storytelling. New York: Basic Books.

7　Martens, M. L., Jennings, J. E., & Jennings, P. D. 2007. Do the stories they tell get them the money they need? The role of entrepreneurial narratives in resource acquisition. Academy of Management Journal, 50(5): 1107-1132.

8　劉曉樺、陳佳利，2013，「Old is New?! 故宮宣傳影片及青年觀眾解讀之研究」，博物館學季刊，27（4）: 5-25。

創新觀點26

創新六策：寫給創新者的關鍵思維

2022年4月二版　　　　　　　　　　　　　　定價：新臺幣390元
2023年3月二版二刷
有著作權・翻印必究
Printed in Taiwan.

著　　　者	洪　世　章
叢書主編	鄒　恆　月
叢書編輯	王　盈　婷
封面設計	黃　聖　文
內文排版	陳　玫　稜

出　版　者	聯經出版事業股份有限公司	副總編輯	陳　逸　華
地　　　址	新北市汐止區大同路一段369號1樓	總　編　輯	涂　豐　恩
叢書主編電話	(02)86925588轉5305	總　經　理	陳　芝　宇
台北聯經書房	台北市新生南路三段94號	社　　　長	羅　國　俊
電　　　話	(02)23620308	發　行　人	林　載　爵
郵政劃撥帳戶第0100559-3號			
郵撥電話	(02)23620308		
印　刷　者	世和印製企業有限公司	圖片來源 國　立　故　宮	
總　經　銷	聯合發行股份有限公司	博物院藏品	
發　行　所	新北市新店區寶橋路235巷6弄6號2F		
電　　　話	(02)29178022		

行政院新聞局出版事業登記證局版臺業字第0130號

本書如有缺頁，破損，倒裝請寄回台北聯經書房更換。　ISBN　978-957-08-6269-0 (精裝)
聯經網址 http://www.linkingbooks.com.tw
電子信箱 e-mail:linking@udngroup.com

國家圖書館出版品預行編目資料

創新六策：寫給創新者的關鍵思維/洪世章著.
　二版. 新北市. 聯經. 2022.04. 288面.
　14.8×21公分（創新觀點：26）
　ISBN　978-957-08-6269-0（軟精裝）
　[2023年3月二版二刷]

　1.CST：企業策略　2.CST：策略管理　3.CST：創造性思考

494.1　　　　　　　　　　　　　　111004299